农业高等职业教育本科系列教材

U0965355

智慧农业无人机

孙 峰 主编

中国农业大学出版社
·北京·

内 容 简 介

本书根据中国航空器拥有者及驾驶员协会无人驾驶航空器系统操作手合格证的职业标准，结合无人机在农业中的应用，按照其典型工作任务编写而成，内容由浅入深，贴近生产实践，操作性与实践性较强。

本书内容主要以实操为主，共 7 个项目，包括无人机的认知、无人机相关法律法规与飞行安全、多旋翼无人机安装与调试、智慧农业无人机的载荷安装与调试、智慧农业无人机药液处理操作、智慧农业无人机的飞行操作、无人机紧固件日常维护。

本书可作为高等职业院校和普通高等院校无人机应用技术、农业装备应用技术等专业的教材，也可作为农业无人机领域科技人员、操作人员和爱好者的参考用书。

图书在版编目(CIP)数据

智慧农业无人机 / 孙峰主编. --北京：中国农业大学出版社，2022.6
ISBN 978-7-5655-2808-8

Ⅰ.①智… Ⅱ.①孙… Ⅲ.①农业－无人驾驶飞机－教材 Ⅳ.①V279

中国版本图书馆 CIP 数据核字(2022)第 108667 号

书　　名 智慧农业无人机
作　　者 孙 峰 主编

策划编辑 韩元凤 司建新　　**责任编辑** 司建新
封面设计 郑 川
出版发行 中国农业大学出版社
社　　址 北京市海淀区圆明园西路 2 号　　**邮政编码** 100193
电　　话 发行部 010-62733489，1190　　读者服务部 010-62732336
编辑部 010-62732617，2618　　出 版 部 010-62733440
网　　址 http://www.caupress.cn　　**E-mail** cbsszs@cau.edu.cn
经　　销 新华书店
印　　刷 北京中兴印刷有限公司
版　　次 2022 年 8 月第 1 版　2022 年 8 月第 1 次印刷
规　　格 787×1092　16 开本　9.75 印张　225 千字
定　　价 38.00 元

编写人员

主　　编　孙　峰（广西农业职业技术大学）

副主编　何向锋（广西农业职业技术大学）

参编人员（按姓氏拼音排序）

洪志定（广西农业职业技术大学）

蒋　瑜（广西农业职业技术大学）

蓝松涛（广西农业职业技术大学）

梁　刚（广西农业职业技术大学）

廖　丽（广西农业职业技术大学）

奚秀芳（广西农业职业技术大学）

牙彰震（广西农业职业技术大学）

前　言

随着我国新型农业经营体系的加速转型，种植大户、家庭农场、农民专业合作社的数量在不断增加，农业生产规模在不断扩大，农业无人机的市场需求也在不断增长。近年来，随着国家把农业与信息化确定为重点领域，航空植保在国内取得了突破进展。

智慧农业无人机通过生产领域的智能化、经营领域的差异化以及服务领域的全方位信息化，推动农业产业链升级改造，保障农产品安全、农业竞争力提升和农业高质量发展。大疆 T20 植保无人机是一个很具代表性的产品。它的出现，可将农民朋友的双手解放出来，无论是灌溉施肥，还是喷洒农药等其他劳动，都可以很轻松地完成，实现了农业精细化、高效化与绿色化。

本书根据编者的农业理论教学实践以及多年从事无人机植保作业的经验，按照其典型工作任务编写而成。本书内容主要以实操为主，共 7 个项目，首先介绍无人机的基本知识及无人机飞行的法律法规知识，其次介绍多旋翼无人机的安装与调试，智慧农业无人机的载荷安装与调试、药液处理及飞行基本操作，最后介绍无人机的保养与维护，内容由浅入深。

本书介绍的内容大部分来自实践，贴近植保现状，指导性、操作性和实用性较强。可作为高等职业院校和普通高等院校无人机应用技术及相关专业的教材，也可作为广大种植户、从事植保的“飞防人”以及从事农业技术推广的技术人员以及无人机植保技术爱好者的参考用书。

本书由孙峰任主编，负责全书统稿；何向锋任副主编，负责项目六的编写；

梁刚负责项目一的编写；牙彰震负责项目二的编写；蒋瑜负责项目三的编写；廖丽、洪志定负责项目四的编写；蓝松涛负责项目五的编写；奚秀芳负责项目七的编写。

由于编者水平有限，书中不足之处在所难免，恳请读者批评指正。

编 者

2022 年 6 月

目　录

项目一
无人机的认知

【项目引入】

新闻:“鄂州青年志愿者王小亮:用无人机服务乡村振兴”,消息来自 2021 年 12 月 4 日上午 8 时 23 分发布在搜狐网的新闻。消息内容如下:

王小亮返乡创业,于 2016 年年底成立了鄂州市青蜂无人机科技有限公司,组织专业无人机飞防队为农户提供喷洒农药服务,累计为 1 000 多名种植大户提供喷洒农药服务超过 25 万亩,带动就业 6 人,培训无人机驾驶员 20 余人,积极为乡村振兴争做贡献。王小亮的创业项目荣获 2019 年鄂州市返乡创业大赛第一名。图 1-1 为无人机植保作业现场。

图 1-1　无人机植保作业现场

他热心志愿服务，在2020年初的新冠疫情期间，利用无人机为全市5个乡镇和社区提供免费消毒服务，组织公司车辆和员工为医院和医疗保障点免费接送医疗物资，经常忙到半夜；捐赠口罩1 400余个，组织小区业主组建志愿服务分队，为小区业主提供代购服务近30天。

他加入了鄂州市蓝天救援队，利用无人机优势提供水面、森林等人员无法达到的区域进行搜救。2021年6月王小亮被选为鄂州市青年志愿者协会副会长。2020年10月王小亮被团中央和中国青年志愿者协会评为“抗疫青年志愿服务先进个人”。

新闻相关延伸阅读

(1)文传源先生，我国航空航天领域著名的教育家和科学家、北航教授、博士生导师、北京航空航天大学自动化学科创始人之一，也是我国飞行器控制、制导与仿真学界的泰山北斗。他曾说“第一，一个人一生要正，什么事都要正；第二，什么事情都得要认真地干，要彻底地干。”。1958年的国庆节，文传源先生带领师生连续奋斗300天，终于成功研制出中国第一架无人驾驶飞机“北京五号”，这是为祖国生日献出的珍贵礼物。他还协调全国40多个协作单位，历经八年完成了我国第一台歼击机飞行模拟机的研制。文传源先生的坚守与奋斗，开辟了我国无人机的新领域，首创了两个第一，为我国航空航天领域的控制、仿真和教育事业做出了杰出的贡献。

(2)自第一架无人机自由地在蓝天翱翔后，我国历经数十年的人才和技术积累，终于做到了厚积而薄发。今天，我国的无人机从弱到强，已经当之无愧地站在世界第一方队的位置上，特别是“彩虹”“翼龙”这两种型号的无人机，已经出口到许多国家，我国的大疆无人机甚至出口到号称世界第一科技强国的美国。

(3)乡村振兴，产业兴旺是基础，要想产业兴旺，光有政策、技术、资金还远远不够，最重要的就是三类人才：第一类是带领农民干；第二类是帮助农民干；第三类是自己独立干。其中，帮助农民干的人才中，除了科技推广人才，还有很多其他方面的人才，比如农机手。农机手很重要，最典型的体现就是华北地区的跨区收割小麦。每年麦收季节，整个华北平原大概有几十万拖拉机在同时开动。另外，还有一个最新领域的人才就是无人机飞手。我国无人机在农业上的应用在全世界也是比较领先的。很多地方都是用无人机喷药，成本一亩地每次就是8元、10元，作业效率非常高。——引自央视财经《中国经济大讲堂》特邀嘉宾原中国农业大学校长柯炳生深度解读《乡村振兴，我们目前最缺的是什么?》

任务一　无人机系统认知

【知识准备】

一、无人机系统的组成

“无人机”是“无人驾驶航空器”的简称，英文简称 UAV（Unmanned Aerial Vehicle），是一种机上无人驾驶、通过无线电遥控或自动程序控制飞行、具有一定的任务执行能力、可重复使用的航空器。无人机与其他常见飞行器的区别如表 1-1 所示。

表 1-1　无人机与其他常见飞行器的区别

序号	名称	示意图	特点说明
1	无人机		无人机从技术角度定义可以分为：无人固定翼飞机、无人垂直起降飞机、无人飞艇、无人直升机、无人多旋翼飞行器、无人伞翼机等。它是利用无线电遥控设备和自备的程序控制装置操纵的不载人飞行器，或者由车载计算机完全地或间歇地、自主地操作
2	人造卫星		人造地球卫星是指环绕地球飞行并在空间轨道运行一圈以上的无人航天器，简称人造卫星。其依靠具有巨大推进力的巨型多级火箭送上太空，一般由专用系统和保障系统组成。专用系统是指与卫星所执行的任务直接有关的系统，也称为有效载荷
3	气球		气球是充满空气或某种气体的一种密封袋。气球可作为玩具、装饰品或运输工具。当气球足够大，内部气体又轻于同体积的空气，产生的浮力超过气囊和附带物体的重量时，就可上升。因此它可用来运载观测仪器和乘客。只装载设备的无人气球经常用于对高空大气环境的科学研究，有时也用于测定宇宙射线
4	弹道导弹		弹道导弹是指在火箭发动机推力作用下按预定程序飞行，关机后按自由抛物体轨迹飞行的导弹。其飞行弹道一般分为主动段和被动段：主动段是导弹在火箭发动机推力和制导系统作用下，从发射点起飞到火箭发动机关机时的飞行路径；被动段包括自由飞行段和再入段，是导弹按照在主动段终点获得的给定速度和弹道仪角做惯性飞行，到弹头起爆的路径

续表 1-1

序号	名称	示意图	特点说明
5	巡航导弹		巡航导弹是指依靠喷气发动机的推力和弹翼的气动升力、主要以巡航状态在稠密大气层内飞行的导弹。巡航状态即导弹在火箭助推器加速后，主发动机的推力与阻力平衡，弹翼的升力与重力平衡，以近于恒速、等高度的飞行状态。在这种状态下，单位航程的耗油量最少。其飞行弹道通常由起飞爬升段、巡航（水平飞行）段和俯冲段组成
6	制导炮弹		制导炮弹主要采用激光半主动制导方式，有的采用红外/激光复合制导方式。由于炮弹带有制导装置，能自行寻找目标，从而大幅度提高精度和首发命中率，炮弹散布误差可达 1 m 以内，首发命中率可达 90%

“无人机”通常主要指空中飞行平台。但在实际应用中，更重要的是“无人机系统”。“系统”是指由若干相互联系、相互作用、相互依存的组成部分或要素结合而成并具备特定功能的有机整体，包括相关部件、软件及功能的有机集合。从技术上来说，系统是指具有相互依存功能的机械结构、电器、电子、程序的一种集合。无人机系统主要包括飞行器平台分系统、测控与信息传输分系统、任务载荷分系统和地面保障设备。

（一）飞行器平台分系统

目前的无人机飞行器分系统，主要由飞行器机体、飞行器动力装置、飞行器能源装置、飞行控制与导航控制系统、辅助着陆装置等部分组成。

1. 飞行器机体

飞行器较为常见的机体类型主要包括：常规布局、无尾三角翼布局、鸭式布局、单旋翼带尾桨式布局、双旋翼共轴式布局、多旋翼布局、固定翼加多旋翼布局等，飞行器常见机体类型与特点如表 1-2 所示。

表 1-2　飞行器常见机体类型与特点

序号	名称	示意图	特点说明
1	常规布局		常规布局是指机翼安装在水平尾翼前，带有一个或两个垂直尾翼的一种机体气动布局方式。其优点是技术成熟，理论研究完善，生产稳定，各项性能比较均衡

续表 1-2

序号	名称	示意图	特点说明
2	无尾三角翼布局		无尾三角翼布局是机翼平面形似三角形而无水平尾翼的一种布局方式。其优点是高速飞阻小、结构强度高、跨音速机翼重心后移量小，但低速飞控与机动性较弱
3	鸭式布局		鸭式布局是将水平尾翼设置在主翼前两端的一种布局方式。其机动性更强，高速稳定性更好，起降距离更短。但鸭翼调整会使雷达反射面积变化，不利于隐身
4	单旋翼带尾桨式布局		单旋翼带尾桨是目前最主流的直升机构型，只装一副旋翼，用尾桨来平衡由于旋翼旋转而产生的逆向旋转扭矩
5	双旋翼共轴式布局		双旋翼共轴式布局是采取绕同一理论轴心线一正一反旋转的上下两副旋翼，平衡两副旋翼产生扭矩的一种直升机升力面、纵横向和航向的操纵面
6	多旋翼布局		多旋翼布局是一种具有三个及以上旋翼轴的飞行器布局方式，其通过每个轴上的电动机转动，带动旋翼产生升推力。通过改变各旋翼转速控制飞行器的运行轨迹
7	固定翼加多旋翼布局		固定翼加多旋翼布局是将固定翼和多旋翼结合在一起的飞行器布局方式，既可以悬停完成高精度作业，也可以靠固定翼面产生升力减少能耗，完成高航时远航程任务

2. 飞行器动力装置

飞行器动力装置主要有内燃机和电动机两大类。

其中，飞行器常用的内燃机包括用于固定翼机体的活塞式航空发动机、涡喷发动机、涡扇发动机、涡桨发动机和用于直升机的涡轴发动机。飞行器常见内燃机及特点说明如表 1-3 所示。

表 1-3　飞行器常用内燃机及特点说明

序号	名称	示意图	特点说明
1	活塞式航空发动机		活塞式航空发动机是为航空器提供飞行动力的往复式多气缸内燃机。其带动空气螺旋桨等推进器旋转产生推进力，是最早期的飞行器发动机，以星型气冷式发动机用得较多
2	涡喷发动机		涡喷发动机是一种涡轮发动机，完全依赖燃气流产生推力。其通常作为高速飞机的动力，由进气道、压气机、燃烧室、涡轮和尾喷管组成，战斗机的涡轮和尾喷管间还有加力燃烧室
3	涡扇发动机	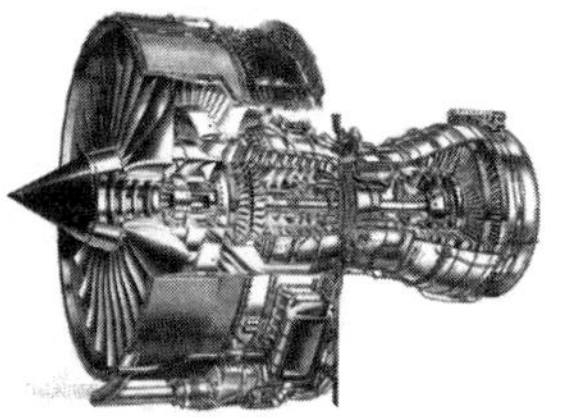	涡扇发动机是由喷管喷射出的燃气与风扇排出的空气共同产生反作用推力的燃气涡轮发动机，由压气机、燃烧室、高压涡轮、低压涡轮和排气系统组成。其推力大、效率高、噪声低、油耗低，但迎风面大、阻力大、结构复杂、设计制造难度大
4	涡桨发动机		涡桨发动机是在涡喷发动机的基础上，多加了一副螺旋桨和一套减速齿轮的发动机。其以螺旋桨产生的拉力(推力)为主，喷气所产生的推力很小，只占螺旋桨的九分之一左右
5	涡轴发动机		涡轴发动机同涡桨发动机类似，将螺旋桨变成了直升机的旋翼。其一般装有自由涡轮(即不带动压气机，专为输出功率用的涡轮)，而且主要用在直升机和垂直/短距起落飞机上

而飞行器动力电动机当前最常用的是无刷直流电动机系统，主要由无刷直流电动机和电调组成。

无刷直流电动机如图 1-2 所示。无刷直流电动机是采用半导体开关器件实现电子换向的电动机，即用电子开关器件代替传统的接触式换向器和电刷。它具有可靠性高、无换向火花、机械噪声低等优点。

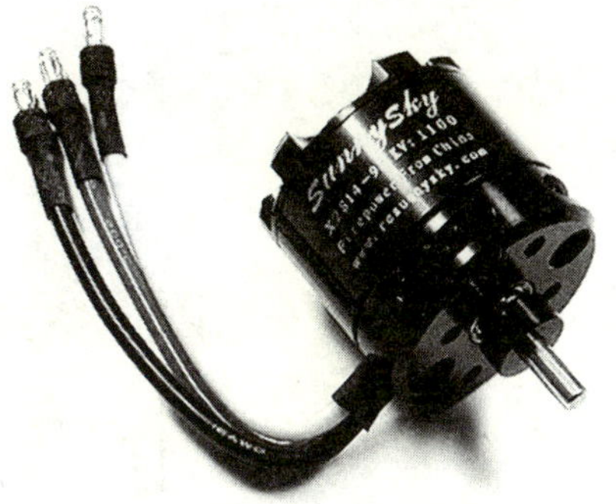

图 1-2　无刷直流电动机

无刷直流电动机因为具有直流有刷电动机的特性，同时还集成了频率变化装置，所以又名直流变频电动机，国际通用名词为 BLDC。无刷直流电动机的运转效率、低速转矩、转速精度等都优于变频器控制的电动机。

电调如图 1-3 所示，全称为电子调速器。针对电机不同，可分为有刷电调和无刷电调。它根据控制信号调节电动机的转速，相当于一个开关，控制信号是一组方波信号，控制电调在单位时间内开关的次数。

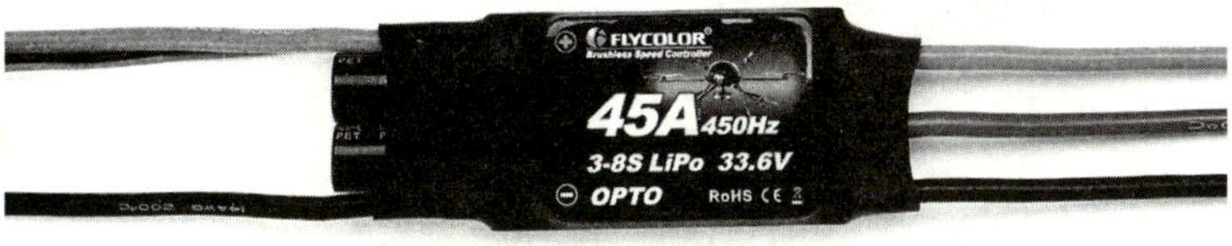

图 1-3　电调

3. 飞行器能源装置

飞行器能源主要包括燃油、电池两种类型。

使用内燃机作为动力能源的飞行器，需要使用燃料供应系统进行能源供给。无人机的燃料供应系统主要包括油箱、油管、防气泡重锤、油泵等部件。使用电池作为动力能源的飞行器，需要配套电源供应系统。无人机的电源供应系统主要包括锂电池、电源分配器等部件。飞行器常见能源装置如表 1-4 所示。

表 1-4　飞行器常见能源装置

序号	名称	示意图	特点说明
1	油箱	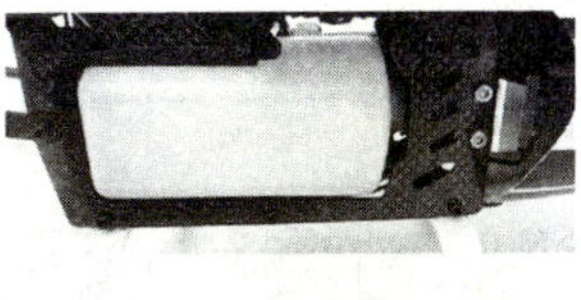	无人机的燃料供应系统主要包括油箱、油管、防气泡重锤、油泵等部件

续表 1-4

序号	名称	示意图	特点说明
2	油管	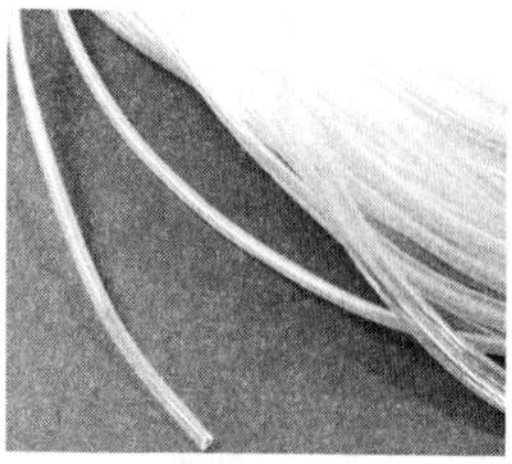	无人机的燃料供应系统主要包括油箱、油管、防气泡重锤、油泵等部件
3	防气泡重锤	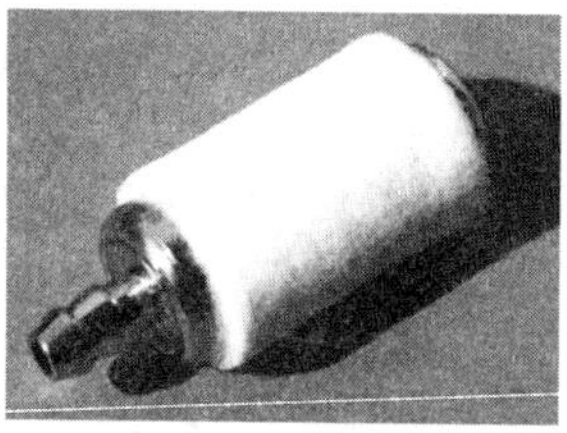	
4	油泵		
5	锂电池		无人机的电源供应系统主要包括锂电池、电源分配器等部件
6	电源分配器		

4. 飞行控制与导航控制系统

无人机的飞行控制与导航主要包括多种飞行状态传感器、主控处理器和卫星导航接收机等部分。飞行器的飞行控制与导航控制系统常见组成部分如表 1-5 所示。

飞行控制子系统，简称飞控，是无人机完成起飞、空中飞行、执行任务和返场回收等整个飞行过程的核心系统，飞控对无人机来说相当于驾驶员对于有人机的作用，是无人机最核心的技术之一。飞控一般包括传感器、机载计算机和伺服作动设备三大部分，实现的功能主要有无人机姿态稳定和控制、无人机任务设备管理和应急控制三大类。

表 1-5　飞行器的飞行控制与导航控制系统常见组成部分

序号	名称	示意图	特点说明
1	加速度计		加速度计提供三轴方向的加速力信息。飞行控制系统根据信息，判断并决定静止倾斜角度、飞行水平及垂直方向的线性加速
2	陀螺仪	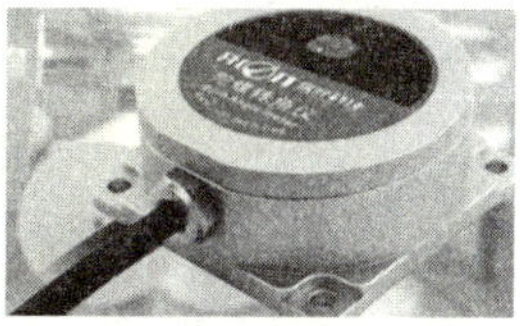	陀螺仪用于监测三轴的角速度，可测出俯仰、翻滚和偏摆时角度的变化率。同时，陀螺仪还常用于惯性导航
3	气压计		气压计利用大气压力换算当前高度。由气压计所提供的数据能协助无人机导航，上升到所需的高度
4	超声波传感器	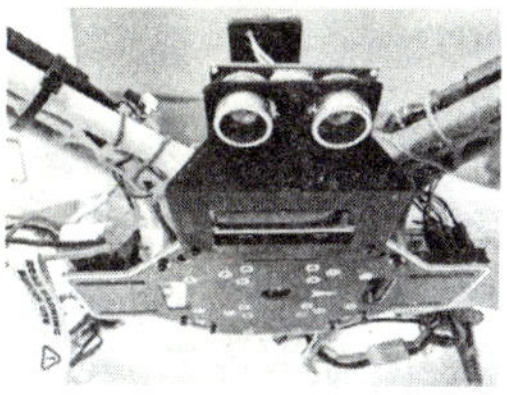	超声波传感器是将超声波信号转换成电信号的传感器。常用于地面附近的高度控制及探测障碍物
5	主控处理器		主控处理器根据用户操作的指令，以及各传感器数据，通过飞行算法控制飞行器的稳定运行
6	伺服机构		飞行器上最为常见的伺服机构就是舵机。舵机是指在自动驾驶仪中操纵飞机舵面（操纵面）转动的一种执行部件。主要包括电动舵机和液压舵机两种

续表 1-5

序号	名称	示意图	特点说明
7	导航系统	 GPS 模块  导航接收机	无人机载导航系统主要分非自主(GPS 等)和自主(惯性制导)两种。未来无人机的发展要求自动避障、投放、着陆等功能,需要高精度、高可靠性、高抗干扰性,因此多种导航技术结合的“惯性＋多传感器＋GPS＋光电导航系统”是未来无人机导航发展的方向

5. 辅助着陆装置

飞行器辅助着陆装置主要包括起落架、降落伞、绊索钩、减速板等装置。飞行器常用辅助着陆装置说明如表 1-6 所示。

表 1-6　飞行器常用辅助着陆装置说明

序号	名称	示意图	特点说明
1	起落架		起落架是飞机下部用于起飞降落或地面滑行时支撑飞机并用于地面移动的附件装置。起落架是唯一支撑整架飞机的部件,因此它是飞机不可或缺的一部分,没有它,飞机便不能在地面移动
2	降落伞	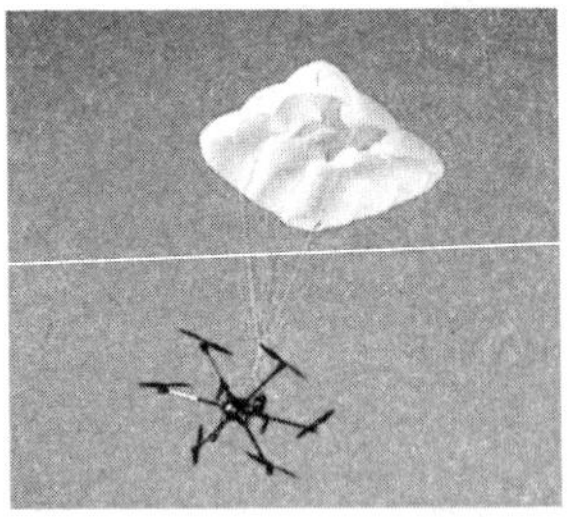	飞行器的降落伞,主要有着陆减速(滞空减速)和回收两种作用。降落伞能使飞机着陆滑行由 2 000 多 m 缩短至 800～900 m;用于飞行器的空中回收,诸如无人驾驶飞机、试验导弹、运载火箭助推器、高速探测器以及返回式航天飞行器的回收等
3	绊索钩		绊索钩用于飞行器降落时勾住阻拦索,使速度迅速下降的一种辅助着陆装置。飞行器降落触地时,尾钩在地面拖行一小段后挂上在甲板上设置好的阻拦索。飞行器前行的动能为阻拦索装置转换吸收直到飞机停稳

续表 1-6

序号	名称	示意图	特点说明
4	减速板		减速板是一种安装在机翼或机身上的飞行器减速装置，开启一定的角度时，使飞行器在增加机体迎风面积的同时还能破坏其背部气流，对空气形成扰流和阻力作用，从而实现减速。飞行器速度越快，增阻效果越好

（二）测控与信息传输分系统

无人机测控与信息传输分系统是实现无人机与地面站之间双向传输信息的无线通信系统，主要完成机载视频的实时下传，载荷控制及状态回报和遥控遥测信息的分发。它提供了无人机与地面控制站之间的通信链路，是完整无人机系统的关键部分。

无人机测控与信息传输分系统作为无人机系统的重要组成部分，实现对无人机的遥控、遥测、跟踪定位和信息传输，主要包括数据链和地面控制站，其中数据链系统包括测量设备、信息传输设备、数据中继设备等。

测控与信息传输分系统由机载信息传输设备和地面信息传输设备组成，涉及遥控遥测，跟踪定位、图像传输、微波通信、卫星通信、抗干扰通信、天线伺服、自动控制和计算机应用等多个技术领域，是一项复杂的信息系统工程。无人机信息传输分系统如图 1-4 所示。

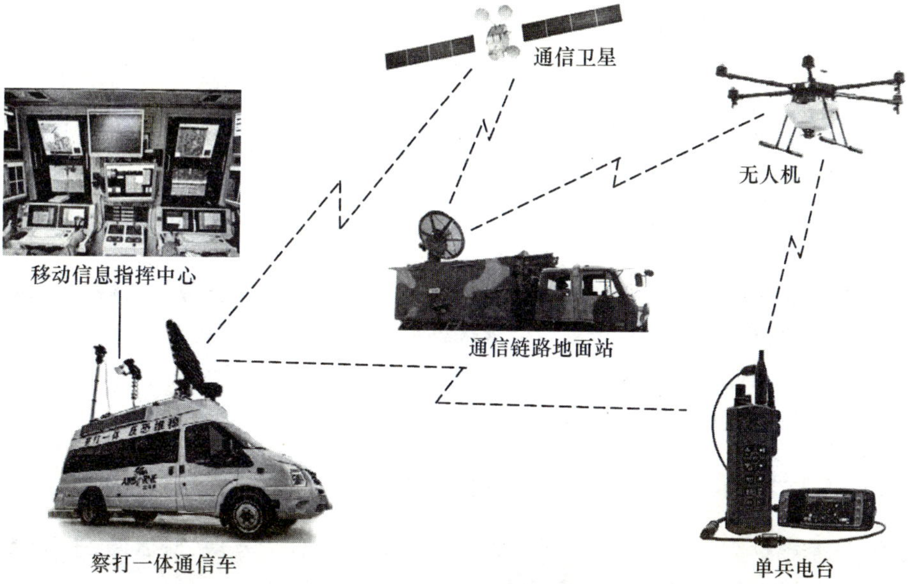

图 1-4　无人机信息传输分系统示意图

按照信息传输方向，信息传输分系统可以分为上行链路和下行链路。上行链路主要完成地面站到无人机遥控指令的发送和接收，下行链路主要完成无人机到地面站的遥测数据以及红外或电视图像的发送和接收，并根据定位信息的传输利用上、下行链路进行测距。这是一个双向传输能力不对称的数据链，上行链路传输速率相对较低，要具有强的安全保密和抗干扰能力；下行链路传输速率高，要具有好的抗截获性；同时视距内通过测距和测角可实现对无人机的辅助定位功能。数据链性能直接影响无人机性能的优劣。

机载信息传输设备包括射频接收机、发射机以及连接接收机、发射机和系统其余部分的调制解调器。有时候也包括数据处理器，用于压缩数据以符合下行链路的带宽限制。天线可能是全向的，也可能有增益且需要指向。

地面信息传输设备包括一副或几副天线、一台射频接收机和发射机、调制解调器。若传感器数据在传送前经过压缩，则还需采用处理器对数据进行解压。地面设备可以分装成几部分，一般包括一辆天线车(可以放置在距无人机地面控制站一定距离处)、一条连接地面天线与地面控制站的数据链路，以及若干用于地面控制站的处理器和接口。

(三)任务载荷分系统

任务载荷分系统是无人机平台搭载的各种任务仪器和设备系统，是无人机执行特定的飞行任务时需要装载的分系统。任务载荷可用于侦查监控、巡视、架线、投放物品，进行大气监测、采样以及用于通信、实验、中继等。常见任务载荷及应用领域如表 1-7 所示。

表 1-7　常见任务载荷及应用领域

序号	设备分类	任务载荷设备名称	应用领域
1	图像/视频设备	各类光学相机、摄像机	航拍、航测、遥感等
2	探测/监测设备	红外热像仪、紫外成像仪、激光雷达	电力巡线、石油管道巡线、环保监测、警用监测等
3	植保设备	农药喷洒设备等	农林植保等
4	消防设备	灭火设备等	消防等
5	抓取/投放设备	货物抓取设备、投放设备等	物流等
6	其他	探照设备等	照明等

(四)地面保障设备

飞行器地面保障设备主要包括：飞行器检修设备、能源补充设备、飞行器存放设备设施等。飞行器检修设备主要是用于检测零部件好坏情况、设置飞控参数、维修飞行器、更换零部件等操作的设备。能源补充设备主要是用于补充燃料或是充电的设备设施。飞行器存放设备设施则用于停放和保护飞行器。

二、飞行器环境与空气流体规律

我们通常根据大气温度随高度分布的特征将大气层分为五层：对流层、平流层、中间层、热成层和散逸层。大气层分层情况如表 1-8 所示。

我们在研究地球大气运动规律时，常把大气视作连续介质，即把离散的气体分子构成的实际流体，当作是由无间隙连续分布的无数流体质点构成的。关于连续介质的假设，在对流层和平流层中均能满足。

表 1-8　大气层分层情况

<table>
<tr><th>层次</th><th>高度</th><th>特点</th><th>分层示意图</th></tr>
<tr><td>散逸层</td><td>热成层顶以上的大气</td><td>一些高速运动的空气质点，经常散逸到星际空间去，是地球大气向星际空间过渡的层次。</td><td rowspan="5">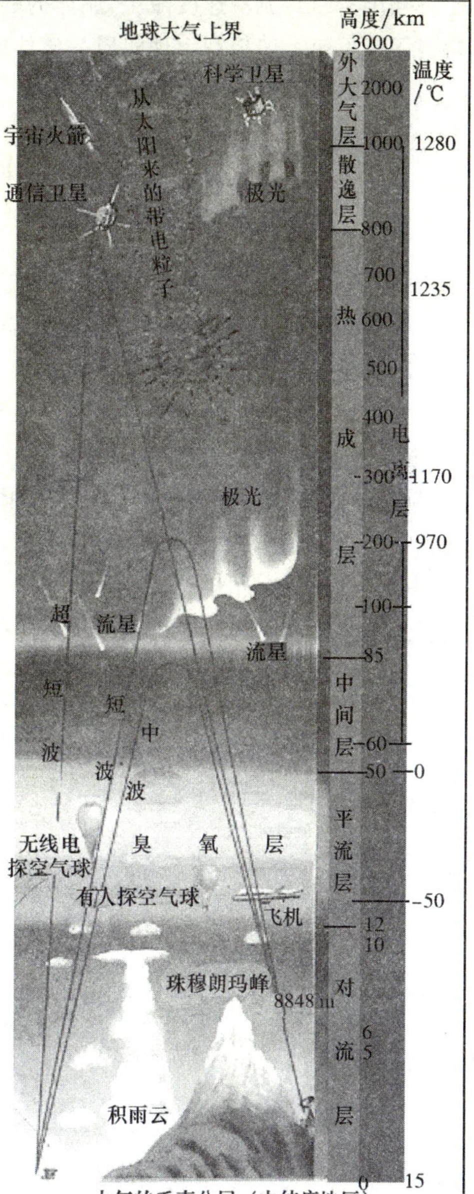

大气的垂直分层（中纬度地区）</td></tr>
<tr><td>热成层</td><td>从中间层顶到 800 km 高度的范围</td><td>受该层大气物质吸收所有波长小于 0.175 μm 的紫外线影响，气温随高度上升很快，大气处于高度电离状态，其底部，可以反射短波段电磁波。</td></tr>
<tr><td>中间层</td><td>从平流层顶到 85 km 高度的范围</td><td>气温随高度增加而迅速降低，上冷下热，空气的垂直对流运动相当激烈，又称为高空对流层。不利于飞行器的飞行。载人的高空飞行器可以达到这一层的底部，不载人的可以更高一些。</td></tr>
<tr><td>平流层</td><td>从对流层顶到 50～55 km 高度的范围</td><td>30 km 以下，气温不随高度变化或变化很小；30 km 以上，受臭氧层影响，气温随高度增加迅速上升。该层大气约占大气质量的 1/4；上热下冷，大气稳定，不易形成对流，大多以水平运动为主；水汽含量极少，能见度好，天气晴朗。对高空飞行有利，目前的喷气式客机通常都在对流层顶到平流层内飞行。</td></tr>
<tr><td>对流层</td><td>低纬度 17～18 km
中纬度 10～12 km
高纬度 8～9 km</td><td>气温随高度增加而降低，平均每上升 100 m，气温约降低 0.6 ℃；空气存在水平运动和垂直运动；天气现象复杂多变，不利于飞行器的飞行。；气体密度在各层中最大，大气压强也最高，包含大气层质量 3/4 的大气。</td></tr>
</table>

空气相对运动原理认为，空气不动、飞机飞行时，作用在飞机上的空气动力和飞机不动、空气吹过时作用在飞机上的空气动力是等效的。这种原理，应用在研制新飞机的时候，可以通过相对运动的等效原理，将飞机模型安放在风洞中，当用对应相对速度风速的高压气流吹向模型时，即可获得近似真实飞行时的受力情况。

低速流体连续性定理：低速流体以稳定流速在管道内流动时，管道剖面小的地方流速大，而管道剖面大的地方流速小，其实质是质量守恒定律。

伯努利定理：由不可压缩、理想流体沿流管作定常流动时，流动速度增加，流体的静压将减小；反之，流动速度减小，流体的静压将增加。流体的静压和动压之和，称为总压，始终保持不变。伯努利定理实质是流体的机械能守恒，在水力学和空气动力学中有着广泛的应用，是飞机升力原理的根据。

【任务考核】

1. 笔式考核(10 min)

(1)无人机与其他飞行器的区别。

(2)无人机系统的基本组成和作用。

2. 实操考核(30 min)

分组完成无人机系统的辨识与拍摄记录，并标注照片对应的子系统或部件名称。

(1)准备无人机及其配套子系统。

(2)学生分组：2～3人分为一组，组员之间配合完成现场无人机系统辨识、拍摄与标注。

(3)实践考核：拍摄照片清晰；标注与说明准确。

3. 课后作业

以小组为单位，编制无人机系统辨识PPT或说明视频，并上传到指定邮箱或学习平台。

任务二　多旋翼无人机认知

【知识准备】

一、无人机的种类

国内外无人机相关技术飞速发展，无人机系统种类繁多、用途广、特点鲜明，致使其在尺寸、质量、航程、航时、飞行高度、飞行速度、任务等多方面都有较大差异。由于无人机的多样性，出于不同的考量会有不同的分类方法。

(1)按飞行平台构型分类，无人机可分为固定翼无人机、旋翼无人机、无人飞艇、伞翼无人机、扑翼无人机等。

(2)按用途分类，无人机可分为军用无人机和民用无人机。军用无人机可分为侦察无人机、诱饵无人机、电子对抗无人机、通信中继无人机、无人战斗机以及靶机等；民用无人机可分为巡查/监视无人机、农用无人机、气象无人机、勘探无人机以及测绘无人机等。

(3)按尺度分类(民航法规),无人机可分为微型无人机、轻型无人机、小型无人机以及大型无人机。微型无人机是指空机质量小于等于 7 kg 的无人机,轻型无人机是指空机质量大于 7 kg,但小于等于 116 kg 的无人机,且全马力平飞中,校正空速小于 100 km/h (55 nmile/h),升限小于 3 000 m。小型无人机,是指空机质量小于等于 5 700 kg 的无人机,微型和轻型无人机除外。大型无人机,是指空机质量大于 5 700 kg 的无人机。

(4)按活动半径分类,无人机可分为超近程无人机、近程无人机、短程无人机、中程无人机和远程无人机。超近程无人机活动半径在 15 km 以内,近程无人机活动半径在 15～50 km,短程无人机活动半径在 50～200 km,中程无人机活动半径在 200～800 km,远程无人机活动半径大于 800 km。

(5)按任务高度分类,无人机可以分为超低空无人机、低空无人机、中空无人机、高空无人机和超高空无人机。超低空无人机任务高度一般在 0～100 m,低空无人机任务高度一般在 100～1 000 m,中空无人机任务高度一般在 1 000～7 000 m,高空无人机任务高度一般在 7 000～18 000 m,超高空无人机任务高度一般大于 18 000 m。

二、多旋翼无人机飞行原理

螺旋桨是一种靠桨叶在空气中旋转将发动机转动功率转化为推进力或升力的装置。它由多个桨叶和中央的桨毂组成,桨叶如扭转的细长机翼安装在桨毂上,发动机轴与桨毂相连接并带动其旋转。喷气发动机出现以前,所有带动力的航空器多以螺旋桨作为产生推动力的装置。而螺旋桨至今仍然用于装有活塞式螺旋桨和涡轮螺旋桨发动机的亚音速飞机。直升机旋翼和尾桨也属于螺旋桨。

多旋翼无人机与直升机一样属于"旋翼类"航空器。但多旋翼无人机一般采用结构简单的双叶桨,如图 1-5 所示。由于小型多轴垂直起降无人机的迅速发展,人们已习惯将这类多旋翼无人机与传统的直升机区分,另立为一类"多旋翼无人机"。尽管直升机也有双旋翼型和四旋翼型,但直升机旋翼系统通常要比螺旋桨复杂得多,所以将其与单纯的螺旋桨无人机分立。

图 1-5　双叶桨

我们常说的"多旋翼无人机"实际上是多轴螺旋桨无人机。常规的单轴直升机是依靠一个轴的主旋翼旋转产生的拉力以及控制转轴的方向来进行升降和水平飞行运动的。为了避免主旋翼产生的转矩而使机身不停地打转,就在机身尾巴上加一个小的尾桨来平衡主旋翼的反扭矩。直升机的前进后退,左右移动,也必须靠主旋翼的倾斜来完成。

多旋翼无人机的转动力矩平衡则比直升机方便得多。其利用一对螺旋桨的正、反转动产生反方向的扭矩来实现平衡,因此多旋翼无人机通常设计成偶数多轴旋翼机,如四旋翼、六旋翼或八旋翼等。同时,由于多旋翼无人机省去了直升机长长的尾梁和尾桨,所以体积很小。

多旋翼无人机通过调节各个旋翼的转速实现升力的变化，从而控制飞行器的姿态和位置。如图1-6所示的四旋翼无人机，当飞行器悬停时，拉力正好抵消重力，四个螺旋桨拉力产生的滚转力矩、俯仰力矩、偏航力矩均为零，四个螺旋桨反扭矩效应均被抵消。如果同时同量地增加四个螺旋桨的转速，则螺旋桨产生的总拉力增大，因此拉力大于重力，而力矩的矢量和依然为零，四旋翼就会上升；反之则下降。

图1-6　四旋翼无人机悬停时的气动力

以四旋翼无人机悬停时的气动力为例，当飞行器前后飞行时，同时同量降低螺旋桨1#、4#的转速，同时同量提高螺旋桨2#、3#的转速，会引起四旋翼俯仰。然后，拉力会产生向前或向后的分量，操纵飞行器前后运动。可以看到，改变俯仰后，倾斜拉力的垂直分量会减小，将不再等于多旋翼的重力，因此需要增加拉力，使其垂直方向的分力足以抵消重力。

三、多旋翼无人机的性能计算

多旋翼无人机动力系统由航模电池、电子调速器、无刷直流电动机和螺旋桨四个部分组成，各组件的参数指标如表1-9所示。对螺旋桨来说，主要考虑尺寸规格对其升阻比性能的影响。对于电动机，主要考虑其KV值对电动机转速的影响，同时电动机的性能还要取决于其标称空载电流、空载电压以及电枢内阻。对于电调，主要考虑其最大限制电流，其内阻对电池电压将起到一定的降压作用。对于电池，主要考虑其总容量对续航时间的影响以及最大放电倍率限制其放电的最大电流。这些动力系统部件之间相互耦合，对最终性能影响十分重要。工程上通常是高KV值的电动机配小桨，低KV值的电动机配大桨，即为了取多旋翼无人机飞行性能的最佳值。

表 1-9　多旋翼无人机动力系统组件常用参数

组件名称	参数
螺旋桨	直径、螺距、桨叶数
电动机	空载 KV 值、额定空载电流、额定空载电压、最大电流、内阻、重量
电调	最大电流、内阻、重量
电池	总容量、内阻、总电压、最大放电倍率、重量

（一）螺旋桨

螺旋桨是直接产生推力的部件，同样是以追求效率为第一目的。匹配的电动机、电调与螺旋桨搭配，可以在相同的推力下耗用更少的电量，能够延长多旋翼的续航时间。因此，选择最优的螺旋桨是提高续航时间的一种方法。

多旋翼无人机的螺旋桨型号一般用 4 个数字表示，其中前两位是螺旋桨的直径，后面两位是螺旋桨的螺距。比如：1045 桨的直径为 10 英寸(in)，螺距为 4.5 英寸，其中1 英寸(in)＝2.54 厘米(cm)。

螺旋桨的拉力模型为：

$$T = C_T\rho(N/60)^2 D_P^4$$

转矩模型为：

$$M = C_M\rho(N/60)^2 D_P^5$$

式中：C_T——螺旋桨的拉力系数；

C_M——螺旋桨的转矩系数；

ρ——空气密度，kg/m^3；

N——转速，r/min；

D_P——螺旋桨的直径，m。

（二）电动机

多旋翼无人机的电动机主要以无刷直流电动机为主，将电能转化为机械能。无刷直流电动机运转时靠电子电路换向，这样极大地减少了电火花对遥控无线电设备的干扰，也减小了噪声。

多旋翼无人机的电动机型号一般用四个数字来表示，其中前面两位数字表示电动机转子直径，后面两位数字表示电动机转子的高度。简单地说，前面两位数字越大，电动机越宽；后面两位数字越大，电动机越高。又高又大的电动机，其功率也更大，适合载重比较大的多旋翼无人机。例如，2214 电动机表示电动机转子的直径是 22 mm，电动机转子的高度是 14 mm。

无刷电动机的 KV 值，表示输入电压增加 1 伏特，无刷电动机空转转速增加的转速值。例如：KV 值为 1 000 的无刷电动机，给其提供的电压为 1 V 时，电动机空载转速为

1 000 r/min；给其提供的电压为 2 V 时，电动机空载的转速为 2 000 r/min。

电磁转矩的表达式为：

$$T_e = K_T I_M$$

式中：K_T——电动机转矩常数；

I_M——电枢电流；

T_e——电磁转矩。

（三）电调

电调全称为电子调速器，最基本的功能就是通过飞行控制板给定电压为电动机调速，电调还可以为遥控接收器上其他通道的舵机供电。无刷电调的重要功能就是充当换相器的角色，因为无刷电动机没有电刷进行换相，所以需要电调将直流电源转化为三相电源提供给无刷电动机，并对无刷电动机起调速作用。电调还有一些其他辅助功能，比如电池保护、启动保护、刹车灯等。

电调上标有最大允许电流，如 30 A、50 A 等，超过该电流电调就会被损坏。电调的电流可以达到几十安培，而发热功率是电流的平方的函数，所以电调的散热性能也十分重要，一般大规格电调具有相应比较小的内阻。

电调输入电流可表示为：

$$I_e = \sigma I_M$$

式中：σ——电调输入油门指令（0～1，无单位）。

电调输入电压可表示为：

$$V_e = U_b - n_r I_e R_b$$

式中：U_b——电池电压；

n_r——电调个数；

R_b——电池内阻。

（四）电池

电池主要用于提供多旋翼飞行的能量，常见类型有锂电池和镍氢电池，对于多旋翼无人机而言，电池单位重量的能量载荷很大程度上限制了其飞行时间和任务拓展。

电池的基本特征主要有电压、容量、内阻和放电倍率。航模专用锂聚合物电池单节标称电压一般为 3.7 V，充满电可到 4.2 V。在实际充、放电过程中，电池容量逐渐减小，在某些区域内，电池剩余容量与电池电流基本呈线性下降关系。而在电池放电后期，电池容量可能会随着电流的变化急剧下降，所以多旋翼无人机一般会设置安全电压。

【任务考核】

1. 笔试考核（30 min）

（1）请说明无人机的常见种类。

（2）请说明多旋翼无人机的飞行原理。

(3)试计算现场的电动机及其配套螺旋桨能提供的拉力和转矩。

2. 课后作业

以小组为单位，罗列教师提供的电动机和电调参数，并根据参数计算电动机性能。

课后复习思考题

1.“无人机”是“无人驾驶航空器”的简称，是一种机上无人驾驶、通过____________或____________控制飞行、具有一定的任务执行能力、可重复使用的航空器。

2. 无人机系统主要包括____________、____________、____________和____________。

3. 无人机飞行器分系统，主要由____________、____________、飞行器能源装置、____________、辅助着陆装置等部分组成。

4. 飞行器较为常见的机体类型主要包括：____________、三角翼布局、鸭式布局、螺旋桨加尾桨布局、双旋翼共轴布局、____________、固定翼加多旋翼布局等。

5. 飞行器动力装置主要有____________和____________两大类。

6. 飞行器动力电动机系统，通常由____________和____________组成。

7. 无人机的飞行控制与导航主要包括多种飞行状态传感器、____________和卫星导航接收机等部分。

8. 无人机飞控常用的传感器主要有____________、____________、____________、____________，分别用于判断并决定飞行姿态、惯性导航、高度控制和规避障碍物。

9. 任务载荷分系统是无人机平台搭载的各种任务仪器和设备系统，是无人机执行特定的____________时需要装载的分系统。任务载荷可用于____________、____________、架线、____________，进行大气监测、采样以及用于通信、实验、中继等。

10. 我们通常根据大气温度随高度分布的特征将大气层分为五层：____________、平流层、____________、电离层和____________，其中民用无人机大多数飞行在____________层。

项目二
无人机相关法律法规与飞行安全

【项目引入】

法律是社会秩序的一种行为规范，法律的意义在于保护人类的公平公正，保证社会的稳态发展。法律是由国家制定或认可并依靠国家力量实施的，对社会有强制性和约束力。

无人机的飞行活动，包括训练、生产、航拍、农业植保等都属于民用航空范畴，要受到民用航空法律法规的约束和保护。民用航空法隶属于国家法律体系，用于规范和调整民航活动中所涉及的社会关系，保障空域飞行安全，保证各类航空活动安全有序开展。

本项目主要介绍使用无人机应遵守的法律法规，飞行活动的申请和报备规程，无人机飞行的空域管理办法，无人机设备运行管理要求，无人机从业人员管理规章等相应法律法规。

任务一　无人机法规与案例分析

【知识准备】

一、民用航空法概述

《中华人民共和国民用航空法》由第八届全国人民代表大会常务委员会第十六次会议 1995 年 10 月 30 日审议通过，自 1996 年 3 月 1 日实施。当前版本于 2021 年 4 月 29 日第 13 届全国人民代表大会常务委员会第 28 次会议修改。

（一）民用航空法的产生

民用航空法分为国际航空法和国内航空法。国际民用航空法是由于各国民用航空活动交流和发展，各种经济活动的展开需要一些共同的规则和标准，在各国法律法规的基础上诞生的国际公约和规章制度。

《中华人民共和国民用航空法》是国家为了维护国家的领空主权和民用航空权利，保障民用航空活动安全和有秩序地进行，保护民用航空活动当事人各方的合法权益，促进民用航空事业的发展而制定的法律。

国际航空活动必须具备统一的技术标准和活动准则，所以各国的民用航空法都有很强的国际性，但又有依据于国内法的独立性。

（二）中国民用航空局

中国民用航空局简称民航局（CAAC）于2008年3月改组成立，其前身是中国民用航空总局，是中华人民共和国国务院主管民用航空事业的部委管理的国家局，归交通运输部管理。图2-1为中国民用航空局官网首页。

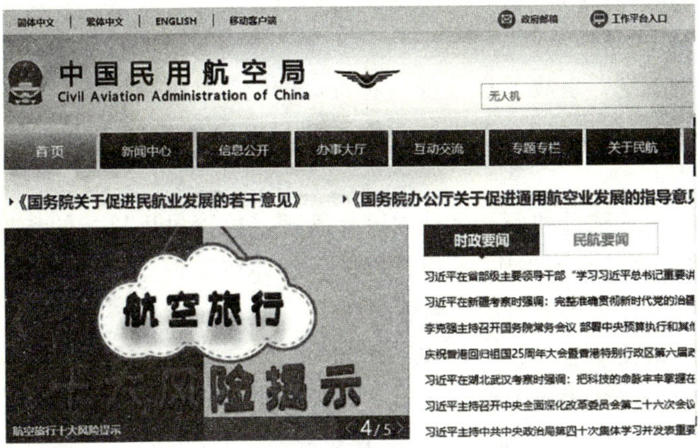

图2-1　中国民用航空局官网首页

1987年，中国政府决定对民航业进行以航空公司与机场分设为特征的体制改革。2002年3月，中国政府决定对中国民航业再次进行重组，改革民航总局下属7个地区管理局，各地区管理局管辖的监管局分布如表2-1所示。

表2-1　各地区管理局管辖的监管局分布

地区管理局	安全监督管理局
华北地区管理局	北京、天津、河北、山西、内蒙古
东北地区管理局	黑龙江、吉林、辽宁
华东地区管理局	上海、浙江、山东、江苏、江西、福建、安徽
中南地区管理局	湖南、湖北、河南、广西、广东、海南
西南地区管理局	云南、四川、重庆、贵州
西北地区管理局	陕西、宁夏、甘肃、青海
新疆管理局	乌鲁木齐、喀什（前身为阿克苏运行办）

民航局机构职责如下：

(1)提出民航行业发展战略和中长期规划、与综合运输体系相关的专项规划建议，按规定拟订民航有关规划和年度计划并组织实施和监督检查。起草相关法律法规草案、规章草案、政策和标准，推进民航行业体制改革工作。

(2)承担民航飞行安全和地面安全监管责任。负责民用航空器运营人、航空人员训练机构、民用航空产品及维修单位的审定和监督检查，负责危险品航空运输监管、民用航空器国籍登记和运行评审工作，负责机场飞行程序和运行最低标准监督管理工作，承担民航航空人员资格和民用航空卫生监督管理工作。

(3)负责民航空中交通管理工作。编制民航空域规划，负责民航航路的建设和管理，负责民航通信导航监视、航行情报、航空气象的监督管理。

(4)承担民航空防安全监管责任。负责民航安全保卫的监督管理，承担处置劫机、炸机及其他非法干扰民航事件相关工作，负责民航安全检查、机场公安及消防救援的监督管理。

(5)拟订民用航空器事故及事故征候标准，按规定调查处理民用航空器事故。组织协调民航突发事件应急处置，组织协调重大航空运输和通用航空任务，承担国防动员有关工作。

(6)负责民航机场建设和安全运行的监督管理。负责民用机场的场址、总体规划、工程设计审批和使用许可管理工作，承担民用机场的环境保护、土地使用、净空保护有关管理工作，负责民航专业工程质量的监督管理。

(7)承担航空运输和通用航空市场监管责任。监督检查民航运输服务标准及质量，维护航空消费者权益，负责航空运输和通用航空活动有关许可管理工作。

(8)拟订民航行业价格、收费政策并监督实施，提出民航行业财税等政策建议。按规定权限负责民航建设项目的投资和管理，审核(审批)购租民用航空器的申请。监测民航行业经济效益和运行情况，负责民航行业统计工作。

(9)组织民航重大科技项目开发与应用，推进信息化建设。指导民航行业人力资源开发、科技、教育培训和节能减排工作。

(10)负责民航国际合作与外事工作，维护国家航空权益，开展与港澳台的交流与合作。

(11)管理民航地区行政机构、直属公安机构和空中警察队伍。

(12)承办国务院及交通运输部交办的其他事项。

二、无人机法规与安全

近年来，无人驾驶航空器产业发展迅速，在个人消费、农林植保、地理测绘、环境监测、电力巡线、影视航拍等领域应用广泛。为规范无人驾驶航空器从事经营性飞行活动，加强市场监管，促进无人驾驶航空器产业安全、有序、健康发展，民航局发布《民用无人驾驶航空器经营性飞行活动管理办法(暂行)》等法规，在《民航法》框架下，规范了无人驾驶航空器从事经营性通用航空飞行活动的准入和监管要求。

(一)《轻小型民用无人机飞行动态数据管理规定》

为了实现轻、小型民用无人机及植保无人机飞行动态实时监控,逐步简化轻、小型民用无人机及植保无人机的飞行空域、飞行计划、飞行活动管理,实施民用无人机空中交通管理,根据《中华人民共和国民用航空法》《中华人民共和国飞行基本规则》《通用航空飞行管制条例》《民用航空空中交通管理规则》等法律法规规章,中国民航局在 2019 年 2 月 13 日下发本规定。

本规定适用于在中华人民共和国领域内以及根据中华人民共和国缔结或者参加的国际条约规定的,由中华人民共和国提供空中交通服务的空域内运行轻、小型民用无人机及植保无人机的相关单位、个人。

民航局负责统一管理民用无人机飞行动态数据,具体由民航局空管行业管理办公室负责实施。

从事轻、小型民用无人机及植保无人机飞行活动的单位、个人应当按照本规定的要求,及时、准确、完整地向民航局实时报送真实飞行动态数据。

无人驾驶航空器空中交通管理信息服务系统(简称 UT-MISS),是民航局为掌握民用无人机飞行活动,为民用无人机飞行提供空域、计划、安全评估等方面服务,实现与相关监管部门协同管理的信息化系统,是民用无人机运行管理的窗口。

从事轻、小型民用无人机及植保无人机飞行活动的单位、个人应当通过 UTMISS 线上数据收发接口实时报送飞行动态数据。如果发生因不可抗力导致或客观通信条件导致的通信中断,应当暂存通信中断期间的飞行动态数据,并在通信恢复后补充报送飞行动态数据。

(二)《特定类无人机试运行管理规程(暂行)》

《特定类无人机试运行管理规程(暂行)》简称《规程》,是中国民航局在 2019 年 2 月 13 日发布的一个规章制度,主要的通途是管理、审查、监督无人机工作。

《规程》明确了需要进行风险评估和审定的无人机,主要针对特定类民用无人机运行,包括起飞全重在 25 千克至 150 千克的无人机运行,也包括 7 千克至 25 千克、运行风险较大的特定种类无人机运行,以及 150 千克以上、运行风险较小的特定种类无人机运行,除了起飞全重 7 千克以下的无人机运行,以及植保无人机、无人飞艇以外的大部分无人机运行均可适用,涵盖绝大部分作业类无人机。

(三)《民用无人驾驶航空器经营性飞行活动管理办法(暂行)》

2018 年 3 月 21 日,国家民用航空局发布了最新的《民用无人驾驶航空器经营性飞行活动管理办法(暂行)》(以下简称《办法》),规范了无人驾驶航空器从事经营性通用航空飞行活动的准入和监管要求。《办法》于 2018 年 6 月 1 日起实施。

《办法》共 3 章 20 条,对无人驾驶航空器经营许可证的申请条件及程序、无人驾驶航空器经营性飞行活动的监督管理方式等做了明确规定。适用于最大空机重量为 250 克以上（含 250 克）的无人驾驶航空器开展航空喷洒（撒）、航空摄影、空中拍照、表演飞行等作业类和无人驾驶航空器驾驶员培训类的经营活动，而无人驾驶航空器开展载客类和载货类经营性飞行活动暂不适用。

民航局对无人驾驶航空器经营许可证实施统一监督管理，民航地区管理局负责实施辖区内的无人驾驶航空器经营许可证颁发及监管管理工作。

（四）《民用无人驾驶航空器实名制登记管理规定》

《民用无人驾驶航空器实名制登记管理规定》行业征求意见稿显示，进行实名登记的无人机为 250 克以上（含 250 克）的民用无人机，实名登记工作于 2017 年 6 月 1 日正式开始，针对已经拥有无人机的个人或单位，实名登记工作需在 8 月 31 日前完成。登记信息包括拥有者的姓名（单位名称和法人姓名）、有效证件、移动电话、电子邮箱、产品型号、产品序号和使用目的等。

对于无人机制造商，需要在“无人机实名登记系统”中填报其产品的名称、型号、最大起飞重量、空机重量、产品类型和无人机购买者姓名/移动电话等信息。在产品外包装明显位置和产品说明书中，提醒拥有者在“无人机实名登记系统”中进行实名登记，警示不实名登记擅自飞行的危害。

在“无人机实名登记系统”中完成信息填报后，系统自动给出包含登记号和二维码的登记标志图片，并发送到登记时留的邮箱。民用无人机拥有者在收到系统给出的包含登记号和二维码的登记标志图片后，将其打印为至少 2 厘米乘以 2 厘米的不干胶粘贴牌，粘于无人机不易损伤的地方，且始终清晰可辨，亦便于查看。

（五）《民用无人驾驶航空器系统空中交通管理办法》

第一条　为了加强对民用无人驾驶航空器飞行活动的管理，规范其空中交通管理工作，依据《中华人民共和国民用航空法》《中华人民共和国飞行基本规则》《通用航空飞行管制条例》和《民用航空空中交通管理规则》，制定本办法。

第二条　本办法适用于依法在航路航线、进近（终端）和机场管制地带等民用航空使用空域范围内或者对以上空域内运行存在影响的民用无人驾驶航空器系统活动的空中交通管理工作。

第三条　民航局指导监督全国民用无人驾驶航空器系统空中交通管理工作，地区管理局负责本辖区内民用无人驾驶航空器系统空中交通服务的监督和管理工作。

空管单位向其管制空域内的民用无人驾驶航空器系统提供空中交通服务。

第四条　民用无人驾驶航空器仅允许在隔离空域内飞行。

民用无人驾驶航空器在隔离空域内飞行，由组织单位和个人负责实施，并对其安全负责。多个主体同时在同一空域范围内开展民用无人驾驶航空器飞行活动的，应当明确一个活动组织者，并对隔离空域内民用无人驾驶航空器飞行活动安全负责。

（六）《轻小无人机运行规定（试行）》

本规定的适用范围：①可在视距内或视距外操作的、空机重量小于等于 116 千克、起飞全重不大于150千克的无人机，校正空速不超过100千米每小时；②起飞全重不超过5 700千克，距受药面高度不超过15米的植保类无人机；③充气体积在4 600立方米以下的无人飞艇。

本规定还对无人机机长的职责和权限、民用无人机驾驶员资格要求、民用无人机使用说明书、飞行前准备、限制空域、视距内、外运行、无人机管理（包括电子围栏和无人机云等方案）、无人机云提供商的资质等方面作了要求。

三、无人机飞行安全

对于已进行飞行申请的情况，公园、景区保安是否有权利阻止飞手进行航拍？

其实这涉及了两个不同的法律问题，飞行申请只是遵守了《中华人民共和国飞行基本规则》，但是依据《民法典》相关法律规定，公园、景区等公共场所负有安全保障义务责任，而且这个义务责任在侵权责任中属于无过错责任，也就是说不论公共场所单位是否有过错，均需要承担责任，只是其承担责任的多少需要看被害人是否也有责任来定夺。很多公园、景区正是以此禁止游客使用无人机进行航拍。所以，我们在这类场所进行航拍时，不仅需要进行飞行申请，还需要问清公共场所的具体规定并予以遵守。

《中华人民共和国飞行基本规则》中关于多架航空器的飞行规定（第七十一条）：

第七十一条　目视飞行时，航空器应当按照下列规定避让

（一）在同一高度上对头相遇，应当各自向右避让，并保持500米以上的间隔；

（二）在同一高度上交叉相遇，飞行员从座舱左侧看到另一架航空器时应当下降高度，从座舱右侧看到另一架航空器时应当上升高度；

（三）在同一高度上超越前航空器，应当从前航空器右侧超越，并保持500米以上的间隔；

（四）单机应当主动避让编队或者拖曳飞机，有动力装置的航空器应当主动避让无动力装置的航空器，战斗机应当主动避让运输机。

老飞手总结出飞手的八不飞原则：

(1)在高速公路、火车站、地铁及周围有高大建筑等区域不飞；

(2)在军事、边境、机场等敏感地区不飞；

(3)在国家政治、外交和人口稠密场所上空及其他明确禁止飞行场所不飞。

(4)在空域条件不具备的情况下不飞；

(5)在气象条件不允许的情况下不飞；

(6)设备存在安全隐患或没有做好充分准备不飞；

(7)操作手飞行技术不熟练、精神状态不好不飞；

(8)对有关无人机法规不了解不清楚不飞。

【任务实施】

相关案例分析如表2-2所示。

表 2-2　相关案例分析

案例	案例内容	案例分析
1	两名无人机爱好者在大剧院附近各自操作一部无人机，被桂园派出所民警当场查获。经警方调查了解，被查获的两名男子蒋某、陈某分别遥控一部无人机，在大剧院上空进行飞行拍摄，飞行高度分别为 320 m 及 500 m，超出了管理规定的上限高度。据称，他们是无人机爱好者，当天是在大剧院周围露天广场上进行拍摄，但没有征得航空部门的批准，也没有按规定持有无人机驾驶证照，他们以为只要买来无人机，想飞就飞，完全没有想到已经触碰到法律的底线。民警对他们宣讲了有关无人机飞行的相关法律法规，并按照《深圳市民用微轻型无人机管理暂行办法》及相关法律，对两人共处以 1 000 元行政处罚	事件中的无人机爱好者违反了哪些法律法规？我们从中受到哪些警示？ 
2	两男子在绵阳机场净空保护区“黑飞”无人机，被公安机关施以行政处罚。2020 年 11 月 5 日上午 9 时许，两男子分别在绵阳市高新区辛店子和涪城区新皂镇附近违规放飞无人机进行视频拍摄活动，被绵阳高新区永新派出所巡逻民警挡获。经查，两男子未经申报在机场净空保护区内违规飞行，根据《中华人民共和国治安管理处罚法》第 23 条第 1 款第 2 项和《四川省民用机场无人机驾驶航空器安全管理暂行规定》第 29 条第 2 项规定，分别给予两人 200 元、1 000 元的行政罚款	什么叫“黑飞”？“黑飞”引起的危害有哪些？ 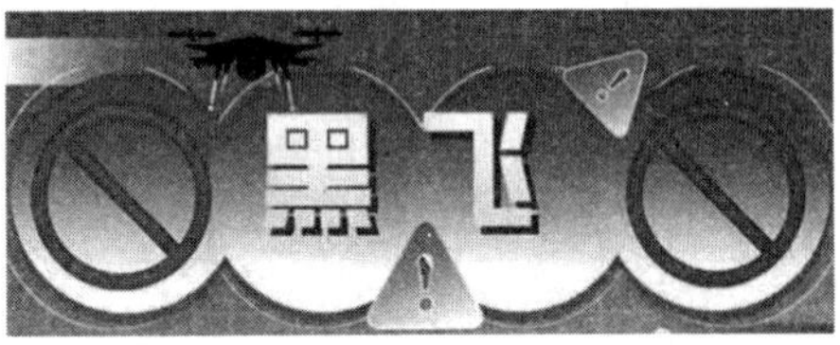
3	2021 年 7 月 19 日，义乌市公安局北苑派出所接到机场工作人员报警称：有人在义乌市北苑街道北苑路附近禁飞区域进行无人机操作作业。经调查，婚礼摄影师柯某应朋友邀请，用无人机航拍照片用于某公司宣传推广。但柯某的违法行为立即被机场工作人员发现。据柯某交代，自己心怀侥幸，通过非法途径解禁了无人机的飞行限制，在明知拍摄地是禁飞区的情况下，非法操作无人机闯入机场净空保护区。最终柯某因擅自改变、破坏无人驾驶航空器电子围栏，在禁飞时间、禁飞区域内飞行，被警方依法处以罚款 1 500 元的行政处罚	擅自改变、破坏无人驾驶航空器电子围栏，在禁飞时间、禁飞区域内飞行是违法行为。什么是电子围栏？它的作用是什么？

【任务考核】

1. 笔试考核(单个人在 3 min 内完成下面 1 道问题)

(1)什么是民用航空法?

(2)民航局机构职责有哪些?

2. 实操考核(30 min)

三人一小组进行案例分析讨论,运用不同的分析方法,依据一定的理论知识,做出决策、评价,提供具体的解决方案,完成分析报告和 PPT,最后按组进行陈述答辩。

3. 考核要求

听指挥,顺利完成案例分析,完成演讲陈述报告。

任务二　无人机空域管理和飞行申请

【知识准备】

一、无人机空域管理

无人机的空域是无人机的运行空间,由空军航空管制部门对空域的划设、空中交通管制、使用和管理等纳入法制化、正规化和统一化管理。

(一)无人机空域划分

无人机空域划设包括水平范围、高度,飞入、飞出空域的方法,使用空域的时间,飞行活动的性质等。

无人机空域通常划分为隔离空域和临时隔离空域。隔离空域通常划设在航路、航线附近的无人机基地、试验场、常用训练场的上空;其他地区上空可以根据需要划设临时隔离空域。在规定时限内未经航空管制部门许可,航空器不得擅自进入无人机隔离空域或临时隔离空域。

目前无人机的运行高度空间规划为 0～1 000 m。水平空间根据需要划分为管制空域、报告空域、监视空域、目视飞行航线、融合空域和隔离空域五类。

管制空域是指重点目标外围 5 km 区域、以民航机场跑道中心点为中心的跑道两头各 25 km 区域和跑道两侧各 10 km 的区域。在该区域内,无人机需获得批准并持有执照方可允许运行。

报告空域是指通用机场和临时起降点 10 km 区域,且不得划设在空中禁区边缘外 20 km 范围内和全国重点目标外缘 10 km 范围内;无人机运行必须是飞行计划已报备,驾驶员须持照运行。

监视空域是指位于管制空域和报告空域之外的空域。

目视飞行航线是指航空器处于驾驶员目视视距半径 500 m，相对高度低于 120 m 的范围。

融合空域是指有其他航空器同时运行的空域。

隔离空域是指专门分配给无人机运行的空域，通过限制其他航空器的进入以规避碰撞风险。

民用无人驾驶航空器仅允许在隔离空域内飞行，隔离空域由空管单位会同运营人划设。划设隔离空域应综合考虑民用无人驾驶航空器的通信导航监视能力、航空器性能、应急程序等因素，并符合下列要求：隔离空域边界原则上距其他航空器使用空域边界的水平距离不小于 10 km；隔离空域上下限距其他航空器使用空域垂直距离 8 400 m（含）以下不得小于 600 m，8 400 m 以上不得小于 1 200 m。

民用无人驾驶航空器在隔离空域内运行时，应当符合下列要求：民用无人驾驶航空器应当遵守规定的程序和安全要求；民用无人驾驶航空器确保在所分配的隔离空域内飞行，并与水平边界保持 5 km 以上距离；防止民用无人驾驶航空器无意间从隔离空域脱离。

（二）无人机飞行计划申请

根据《低空空域使用管理规定》，无人机运行单位、个人或者操控员应当至少提前 7 个工作日向相关管制部门通报详细的无人机运行计划申请。

无人机运行管制区域内的飞行计划申请，应在起飞前 4 h 提出，审批单位需在起飞前 2 h 批复；在飞行管制区内的，应在起飞前 8 h 前提出，审批单位需在起飞前 6 h 前批复；超出飞行管制区的，应在起飞前 1 天 15 时前提出，审批单位需在起飞前 1 天 18 时前批复；执行紧急飞行任务，应在起飞前 30 min 提出申请或边起飞边申请，审批单位需在起飞前 10 min 或立即答复。

飞行计划申请的内容包括：航空用户名称、任务性质、航空器型别、架数、机长姓名、航空器呼号、通信联络方法、起降机场（起降点）、备降机场、使用空域（航线）、飞行高度、预计飞行起止时刻、执行日期等。

无人机飞行单位、个人或者操控员在飞行实施前，应当再次同空管部门核对当日飞行计划及批复情况，进一步确认飞行许可。

（三）无人机违规飞行处理

《中华人民共和国飞行基本规则》中规定：凡辖有航空器的单位、个人和与飞行有关的人员及其飞行活动，必须预先申请，经批准后方可实施；组织与实施通用航空飞行活动，必须按照有关规定履行报批手续，并向当地飞行管制部门提出飞行申请。

《通用航空飞行管制条例》规定了从事通用航空飞行活动的单位、个人，必须依规取得从事通用航空活动的资格，并遵守国家有关法律、行政法规的规定。

从事通用航空飞行活动的单位、个人首先要具有飞行资质和相关飞行文书；实施飞行前，组织飞行的单位或个人，应当向当地飞行管制部门提出飞行计划申请，按照批准权限，经批准后方可实施。严禁私自组织实施飞行和飞行中不严格按批准的计划实施，以确保良好的空中秩序和军民航飞行安全。

对于违法、违规飞行，一旦发现必须严肃处理。空管部门应当与地方公安局警务航空队建立通报关系，实行军地联动，及时发现并控制违规飞行活动，共同承担维护空中安全、保持社会稳定的重大责任。

二、无人机运行管理

2019年1月4日，为了实现轻、小型民用无人机及植保无人机飞行动态实时监控，逐步简化轻、小型民用无人机及植保无人机的飞行空域、飞行计划、飞行活动管理，实施民用无人机空中交通管理，民航局根据《中华人民共和国民用航空法》《中华人民共和国飞行基本规则》《通用航空飞行管制条例》《民用航空空中交通管理规则》等法律法规规章，修订《轻小无人机运行规定》。民航局飞行标准司修订的主要内容包括调整无人机运行管理分类，明确无人机云交换系统定义及功能定位，增加无人机云系统应具备的功能要求，细化提供飞行经历记录服务的条件，更新取消无人机云提供商试运行资质的政策等。

三、无人机运行管理分类

新规将Ⅰ类无人机细化，划分为a/b两类；将Ⅶ类无人机修改为“有特殊风险的Ⅱ类无人机”。无人机运行管理分类如表2-3所示。

表2-3　无人机运行管理分类

分类	空机重量/kg	起飞全重/kg
Ⅰ(a)	$0<W\leqslant0.25$	
Ⅰ(b)	$0.25<W\leqslant1.5$	
Ⅱ	$1.5<W\leqslant4$	$1.5<W\leqslant7$
Ⅲ	$4<W\leqslant15$	$7<W\leqslant25$
Ⅳ	$15<W\leqslant116$	$25<W\leqslant150$
Ⅴ	植保类无人机	
Ⅵ	无人飞艇	
Ⅶ	有特殊风险的Ⅱ类无人机	

四、无人机云系统定义

无人机云交换系统(无人机云数据交换平台)定义：指由民航局运行，能为多个无人机云系统提供实时数据交换和共享的实时动态数据库系统。

(一)无人机云系统应具备的功能要求

无人机云系统应具备的功能如下：

(1)具备相应的空域申请、计划申请等功能；

(2)向无人机云交换系统上传无人机飞行数据，该数据应包括实时数据，或由于网络限制在联网后由无人机发送到无人机云的本地延时数据；

(3)具备自查功能，可自行筛选过滤系统中注册的无人机上传的非真实运行数据和错误数据，以确保其上传云交换系统的无人机注册信息和飞行数据的真实性和有效性；

(4)无人机云应具有无人机围栏功能,内容至少包括国家、政府机构公布的禁飞空域、民用机场障碍物控制面和限制区等,并能持续更新;

(5)无人机云应向云交换系统上传运行场景分类数据;

(6)无人机云应建立数据冗余存储的机制;

(7)依据《信息安全等级保护管理办法》,无人机云应完成信息系统安全保护等级备案,其等级至少为二级;

(8)对于无人机云所使用的电子地图,中国境内部分应由具有我国相应测绘资质的地图服务商提供。

(二)无人机云系统提供飞行经历记录服务的条件

无人机云可选择是否提供用以申请民用无人机驾驶员执照等级或执照更新的飞行经历记录的服务。提供此项服务的无人机云应满足以下要求:

(1)系统中的飞行经历内容需满足民用无人机驾驶员飞行经历记录数据规范要求,并保存相关飞行经历记录至少两年;

(2)系统应通过无人机驾驶员注册的手机号对其个人信息进行校验,通过校验后的无人机驾驶员执照持有人或申请人方能使用无人机驾驶员飞行经历记录功能;

(3)无人机云中记录的飞行经历数据经无人机云交换系统按照民用无人机驾驶员飞行经历记录数据规范确认有效性后,可供无人机驾驶员申请执照/等级或执照更新使用。

(三)植保类无人机要求

中国民用航空局发布《轻小型民用无人机系统运行管理暂行规定》《使用民用无人驾驶航空器系统开展通用航空经营活动管理暂行办法(暂行)》,对植保类无人机的经营、管理、飞手培训等做了详细规定。规定要求,植保无人机经营单位除需要取得航空经营许可证、无人机适航证以外,要求独立喷洒作业人员或者从事作业高度在 15 m 以上的作业人员应持有民用无人机驾驶员合格证。植保无人机处于操控手目视距离半径 500 m 以内。

【任务实施】

无人机飞行申请步骤如表 2-4 所示。

表 2-4 无人机飞行申请步骤

操作步骤	操作说明	示意图及备注
1	U-Cloud(优云)系统,是中国航空器拥有者及驾驶员协会无人机管理办公室顺应无人机和“互联网+”发展趋势利用协会自身优势,与相关部门与企业合作,推动和加速互联网向低空民用无人机监管领域拓展。下载优云手机 App 或者打开电脑端官网主页	

续表 2-4

操作步骤	操作说明	示意图及备注
2	依据《中华人民共和国飞行基本规则》规定，空军负责全国的飞行管制。在此原则下，各地的飞行审批权落在相应的飞行实施地所在的部队身上	
3	考试通过拿证后的飞行中也要接入优云系统，继续记录以后的飞行时间，个人注册优云的时候要注意上传身份证的格式要正确、内容要完整、信息等要清晰	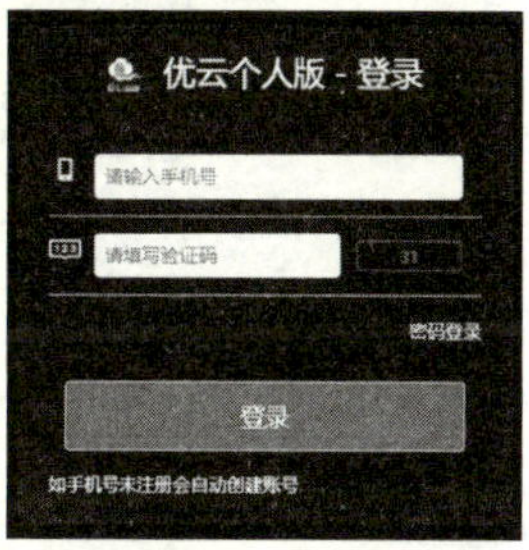
4	飞行计划申报步骤： 在优云系统中，进入我的管家—飞行计划申请—选择计划性质和报批类型	
5	据飞行区域选择相关的报批单位，填写计划飞行时间和要报批的无人机	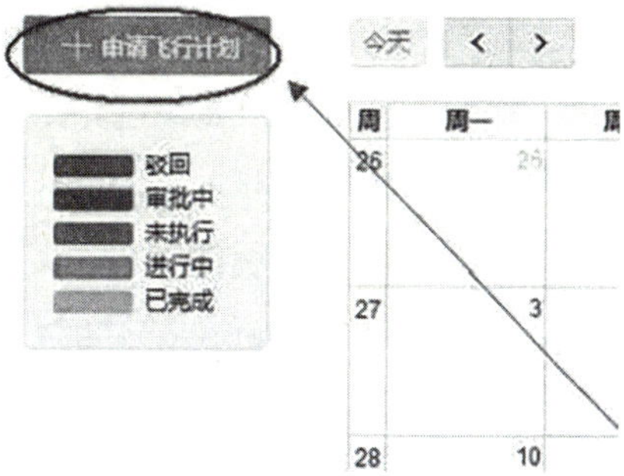
6	在报批类型中，填写驾驶员执照号、最大飞行高度；选择起降点，进行飞行区域选择	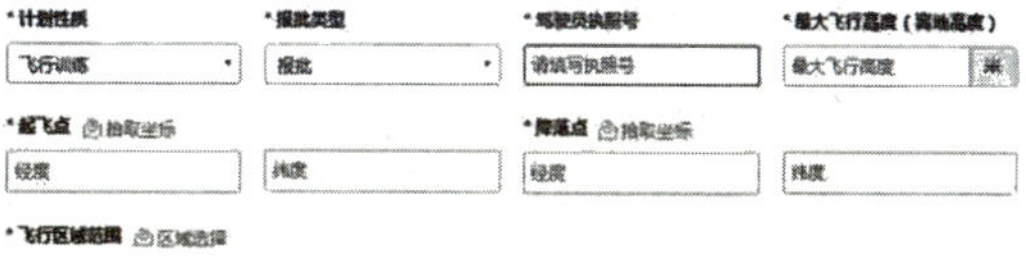

【任务考核】

1. 笔试考核(单人在 10 min 内完成以下问答题)

(1)无人机空域划分有哪些?

(2)无人机飞行申请有哪些步骤?

(3)哪些场域属于禁飞区?

(4)无人机云系统有哪些功能?

2. 实操考核(20 min)

准备手机或者电脑,手机端下载掌上优云 App,电脑端进入优云智翔官网主页,尝试操作飞行申请,查询空域等。

3. 课后作业

自学相关无人机法律法规,熟悉相应的禁飞适飞条文。学习其他类型的无人机云系统。

任务三　无人机从业人员管理和驾驶执照申请流程

【知识准备】

无人机人员管理主要是对无人机运营人员和无人机运行人员的管理。对无人机人员的管理主要依据民航局飞行标准司(以下简称局方)颁布的《民用无人机驾驶员管理规定》。就像开车必须取得驾驶执照、医生从业必须取得执业资格一样,无人机驾驶也属于特殊行业,因此依据《民用无人机驾驶员管理规定》规范了无人机驾驶员的资格审定,规定了飞什么样的无人机必须要经过什么样的理论培训和专业培训,培训合格并取得执照的人员才能够操控该级别的无人机。

(一)无人机驾驶人员的管理

无人机运行人员主要包括无人机驾驶员、无人机机长、无人机观测员、无人机运营人、无人机教员等。目前对无人机人员的管理方式主要有自行管理、局方管理和行业协会管理三种方式。

自行管理是指无人机运行人员在没有无人机驾驶执照的情况下,自己完成无人机运行。这类人员主要是指在室内运行Ⅰ、Ⅱ类无人机者,或者是指在人烟稀少地进行无人机试验操等工作者。

无人机驾驶员在隔离空域和融合空域运行的Ⅰ、Ⅱ类以外的无人机,其驾驶员执照由局方实施管理。

操纵视距内运行无人机的驾驶员，应当持有按本规定颁发的具备相应类别、分类等级的视距内等级驾驶员执照，并且在行使相应权利时随身携带该执照。

操纵超视距运行无人机的驾驶员，应当持有按本规定颁发的具备相应类别、分类等级的有效超视距等级的驾驶员执照，并且在行使相应权利时随身携带该执照。

教员管理，具备教员等级的驾驶员执照持有人，行使教员权利应当随身携带该执照。

植保类无人机分类等级驾驶员管理。担任操纵植保无人机系统并负责无人机系统运行和安全的驾驶员，应当持有按本规定颁发的具备V分类等级的驾驶员执照，或经农业农村部等部门规定的由符合资质要求的植保无人机生产企业自主负责的植保无人机操作者。

（二）AOPA对无人机运行人员的管理

目前，我国政府是由局方委托“中国航空器拥有者及驾驶员协会（AOPA-China）”对无人航空器驾驶人员实施培训、考核、合格证与执照发放、合格证与执照管理审核，同时局方对协会实施监督。协会管理的主要范围：在隔离空域内运行的除Ⅰ、Ⅱ类以外的无人航空器运行人员；在融合空域内运行的Ⅲ、Ⅳ、Ⅴ、Ⅵ类无人航空器运行人员。行业协会主要管理无人航空器的运行驾驶人员合格证与执照的签发、合格证与执照的定期更新等工作。

（三）无人机驾驶人员的训练与管理

飞行经历是执照申请的必备条件，没有相应的飞行经历不得颁发相应类别的驾驶员执照。

视距内等级驾驶员执照的申请人至少应当具有操纵有动力的无人机44 h以上的飞行经历时间。对于多旋翼类别视距内等级驾驶员执照的申请人，由授权教员提供不少于10 h的带飞训练，不少于5 h的单飞训练，计入驾驶员飞行经历的飞行模拟训练时间不多于22 h。对于其他类别视距内等级驾驶员执照的申请人，由授权教员提供不少于16 h的带飞训练，不少于6 h的单飞训练，计入驾驶员飞行经历的飞行模拟训练时间不多于8 h。

以上要求说明申请视距内等级驾驶员执照的申请人，必须至少完成相应的技能训练才能达到颁发执照的要求，才能保证执照持有人具备运行相关无人机的资格。

（四）超视距驾驶员执照的条件

AOPA于2017年4月发布的《民用无人机驾驶员合格审定规则》中规定的超视距驾驶员条件是：中国公民，凡是年满16周岁，五年内无刑事犯罪记录，具有初中或者初中文化程度，完成了本规则要求的相应无人机等级的航空知识训练，并由提供训练或评估其自学情况的授权教员在训练记录上签字，证明该申请人可以参加规定的理论考试；通过了本规则要求的航空知识的理论考试，完成了本规则要求的相应无人机等级的飞行训练，并由提供训练的授权教员在其飞行经历记录本上签字，证明该申请人可以参加实践考试。在申请实践考试之前，满足适用于所申请无人机等级的飞行经历要求，通过了本规则要求的飞行技能实践考试，符合本规则对所申请无人机类别和分类等级的相应条款要求。合格后局方可以颁发超视距驾驶员执照。

（五）超视距驾驶员的飞行训练

飞行训练要求申请机长等级的驾驶员必须有相应的飞行经历时间才可以申请机长等级，否则不予审批。超视距驾驶员执照的申请人应当具有操纵有动力的无人机至少56 h的飞行经历时间。按照机长等级的飞行技能要求，对于多旋翼类别机长等级执照申请人，须由授权教员提供不少于15 h的带飞训练，不少于5 h的单飞训练，计入驾驶员飞行经历的飞行模拟训练时间不多于28 h；对于除多旋翼类别外的其他类别机长等级执照申请人，由授权教员提供不少于20 h的带飞训练，不少于6 h的单飞训练，计入驾驶员飞行经历的飞行模拟训练时间不多于12 h。

飞行技能要求：空域申请与空管通信，不少于4 h；航线规划，不少于4 h；系统检查程序，不少于4 h；正常飞行程序指挥，不少于20 h；应急飞行程序指挥，包括规避航空器、发动机故障、链路丢失、应急回收、迫降等，不少于20 h；任务执行指挥，不少于4 h。

对于驾驶员：飞行前检查，不少于4 h；正常飞行程序操作，不少于20 h。应急飞行程序操作，包括发动机故障、链路丢失、应急回收、迫降等，不少于20 h。

机长等级驾驶员可以在执照载明的范围内行使权利，是无人机系统运行的最终负责人，但不得行使执照没有载明的权利。

【任务实施】

AOPA无人机执照考证流程如表2-5所示。

表2-5　AOPA无人机执照考证流程

操作步骤	操作说明	示意图及备注
1	到民航局授权的无人机培训机构报名学习	无人机驾照的报名基本条件如下： ①年满16周岁，初中以上文化程度。②遵纪守法，无不良行为，视距内驾驶员要求三年内无犯罪记录，超视距驾驶员要求五年内无犯罪记录（提供相关证明）。③身体要求：矫正视力1.0以上，无色盲、色弱，无传染性疾病、无心脑血管及精神类疾病，肢体无残疾，无不良嗜好。 有下列情形之一的，不得申请驾驶员合格[illegible] ①有品质性心脏病、癫痫病、美尼尔[illegible]症、癔病、帕金森病、精神病、痴呆以及[illegible]动的神经系统疾病等妨碍安全飞行[illegible]或注射毒品、长期服用依赖性精神[illegible]除的

续表 2-5

<table>
<tr><th>操作步骤</th><th>操作说明</th><th>示意图及备注</th></tr>
<tr><td>2</td><td>学习期间通过理论培训：
(1)无人机概述与系统组成
(2)民航法规与术语
(3)空域的飞行与申报
(4)航空气象与飞行环境
(5)无人机分类及主流布局形式
(6)无人机构造
(7)飞行原理与性能
(8)通信链路与任务规划
(9)所使用的无人机系统特性
(10)无人机飞行手册及其他文档</td><td>理论课程
<table>
<tr><th>课程</th><th>训练内容</th><th>课时</th></tr>
<tr><td>1</td><td>无人机概述与系统组成</td><td>8学时</td></tr>
<tr><td>2</td><td>民航法规与术语</td><td>3学时</td></tr>
<tr><td>3</td><td>空域的飞行与申报</td><td>7学时</td></tr>
<tr><td>4</td><td>航空气象与飞行环境</td><td>6学时</td></tr>
<tr><td>5</td><td>无人机分类及主流布局形式</td><td>5学时</td></tr>
<tr><td>6</td><td>无人机构造</td><td>4学时</td></tr>
<tr><td>7</td><td>飞行原理与性能</td><td>6学时</td></tr>
<tr><td>8</td><td>通信链路与任务规划</td><td>5学时</td></tr>
<tr><td>9</td><td>所使用的无人机系统特性</td><td>10学时</td></tr>
<tr><td>10</td><td>无人机飞行手册及其他文档</td><td>6学时</td></tr>
<tr><td>理论课程总学时</td><td colspan="2">60学时</td></tr>
</table></td></tr>
<tr><td>3</td><td>实操练习：安装模拟器</td><td>
</td></tr>
<tr><td>4</td><td>实操练习：多旋翼无人机：手动起飞降落、对尾悬停、4 位悬停、慢速自旋、4 边航线、水平 8 字航线</td><td></td></tr>
<tr><td>5</td><td>实操练习：模拟器悬停练习(驾驶员练习 21 课时，机长练习 27 课时)</td><td>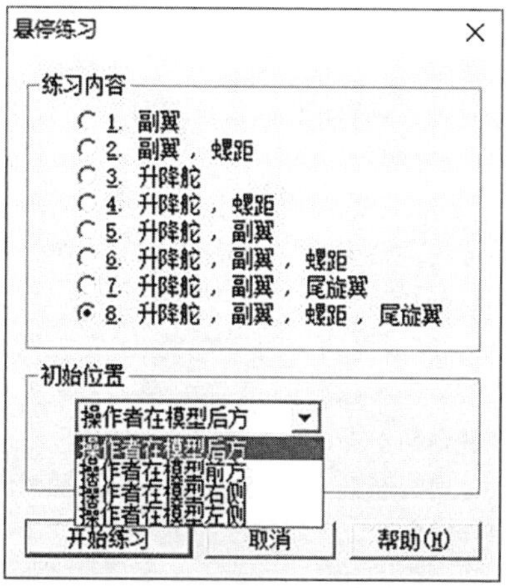
</td></tr>
</table>

续表 2-5

操作步骤	操作说明	示意图及备注
6	实操练习:无人机拆装、维护、维修和保养	
7	实操练习:地面站设置(考机长证练习项目,驾驶员证不要求学。四种操作模式:A. 航点飞行;B. 速度模式;C. 归航;D. 扫描线航点任务,练习编辑一条四边航线,编辑一条东西方向的扫描航线,编辑一条圆形航线,编辑一条扫描航线)	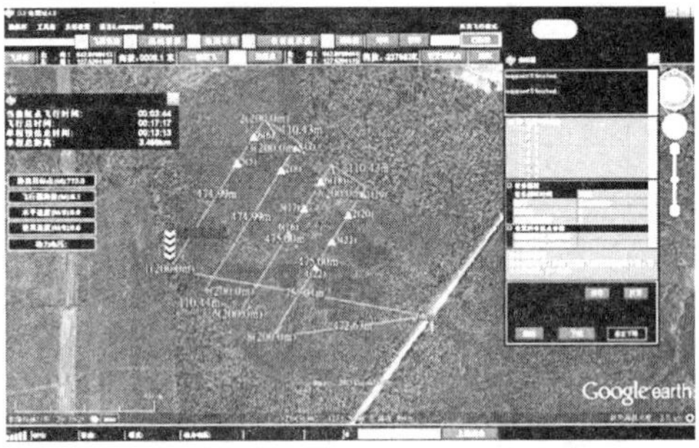
8	实操练习:飞行前准备 (1)首先是无人机的外观检查,在运输过程当中是否有损坏 (2)检查无人机的整体结构,螺旋桨和遥控器是否正常 (3)要确保移动设备,无人机电池和遥控器电池的电量充足 (4)在上电检测前,将无人机上不必要的一些安全防护配件拆除 (5)开始上电检测,开启遥控器的电源 (6)将移动设备固定至移动支架上,并连接好数据线 (7)陀螺仪和指南针是决定飞行时的方向和位置,应在自检程序中检查 (8)停止电机测试 (9)关闭所有设备电源后,安装螺旋桨(应在对应的位置安装,不要弄错颜色) (10)至此,完成无人机飞行前的检查步骤	

续表 2-5

操作步骤	操作说明	示意图及备注
9	实操练习：360°自旋 虽然驾驶员和机长都是飞这两个动作，但是因为驾驶员使用的是 GPS 模式飞行，在这个模式下无人机具有独立的抗风性，定高性，相对而言比较稳，可以实现原地悬停。所以驾驶员并不需要太多的调整。只需要别错舵，一般都能过。机长使用的是姿态模式，在有风的情况下，无人机并不能实现定高和原地悬停，机长需要时刻通过修正副翼、方向、升降和油门的舵量来控制无人机，不至于被风吹跑，被风压低，被风吹高，逆风时，被风顶得前进不得，顺风时，被风吹得刹都刹不住	
10	实操练习：8 字飞行（是在地上画一个大大的阿拉伯数字 8，这个 8 是躺在地上的，像是数学符号∞，可以看作是两个圈，无人机在两个圈的交接点，然后让无人机描着这个轨迹画出这个图形，等于是飞两个圆圈，只不过一个从左前方开始画，一个是从右前方开始画，为了方便辨别你画得好不好，地上会有桩，在画的过程中，尽量沿着桩走，并且感受风对无人机的影响，尤其是在转弯的过程中，无人机会受到转向离心力的影响，偏离轨迹，飞到圈里，或者飞到圈外，这时就需要用副翼来修正。要知道什么时候修，什么时候不能修，还要知道修的方向，以及修的舵量大小）	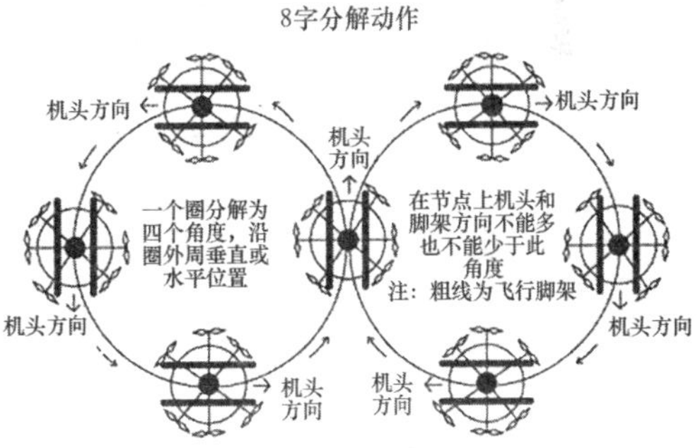
11	考证：理论考试为上机考试，共有 100 道题，时间为 120 min。无人机视距内驾驶员 70 分及格，超视距驾驶员 80 分及格。理论考试通过后，在同一台电脑上进行综合问答考试。理论考试没有通过，不需要再进行综合问答考试。视距内驾驶员和超视距驾驶员及格线都是 7 分。理论考试成绩有效期 24 个月：自通过理论考试日期起，在 24 个月内通过全部科目的考试，即可发证，超过 24 个月，理论成绩失效，需要再参加理论考试	

续表 2-5

操作步骤	操作说明	示意图及备注
12	实操考试：实操考试一共有 3 次机会。主要考试内容有：悬停、慢速水平 360°、水平 8 字、左右两圆直径 6 m、定点降落。 视距内驾驶员：GPS 模式，飞行动作：①自旋 360°；②水平 8 字 超视距驾驶员：姿态模式，飞行动作：①自旋 360°；②水平 8 字；③地面站飞行，地面站考试由考官出题，6 min 内做完“航线规划”，通过后，进行更改航点属性、应急返航操作	
13	实操考试：口试，其实是笔试。 口试就是指每个人拿一张纸，考官会随机考五个知识点，你把答案写在纸上，然后考官现场批，五道题对了三道即为合格	常见题型有：①螺旋桨、电机、电调、电池的技术参数和考试机训练机的规格尺寸；②串并联的情况下，电流、容量、倍率（C 数）、电压的计算方法。③飞控的组成，以及各个传感器测量的是什么物理量；④关于 FUTABA 遥控器的每一个菜单按键都是干什么用的；⑤关于地面站的一些题（如视距外丢星或者链路损坏怎么办）；⑥无人机的飞行原理，每个零部件的功能以及连线方法；⑦解释螺距、KV 值、4110 电机的数字含义
14	拿证：通过以上考试后半个月到一个月可以拿证	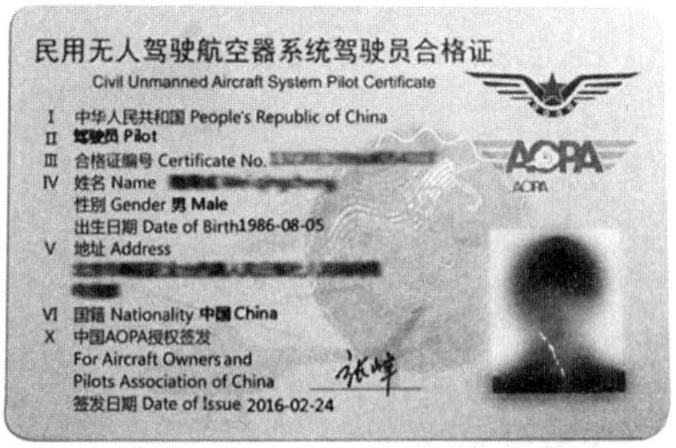
15	无人机执照电子版	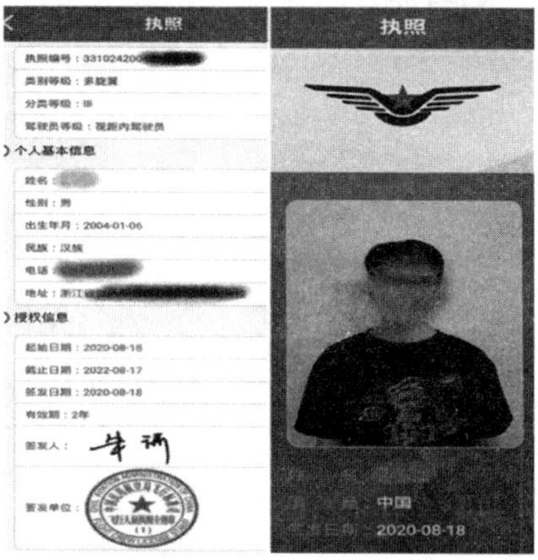

续表 2-5

操作步骤	操作说明	示意图及备注
16	无人机执照纸质版	

【任务考核】

1. 笔试考核(单个人在 10 min 内完成以下问答题)

(1)无人机驾驶员和机长的区别是什么?

(2)无人机驾驶员考证培训内容有哪些?

(3)无人机驾驶员飞行训练有哪些内容?

2. 实操考核(5 min)

在老师的带领下能完成原地 360°悬停飞行和 8 字飞行。

3. 课后作业

学习无人机考证笔试题目,自行下载笔试题库练习。

课后复习思考题

1. 下列航空法律法规中级别最高的是(　　)

A.《中华人民共和国飞行基本规则》

B.《中华人民共和国民用航空法》

C.《中华人民共和国搜寻援救民用航空器的规定》

2. 空域管理的具体办法由(　　)制定。

A. 民用航空局

B. 中央军事委员会

C. 国务院和中央军事委员会

3. 民用无人驾驶航空器系统视距内驾驶员合格证申请人必须在民用无人驾驶航空器系统上训练不少于(　　)h 的飞行训练时间。

A. 56　　B. 44　　C. 100

4. 民用航空器必须具有民航局颁发的(　　)。

A. 适航证　　　　B. 经营许可证　　　　C. 机场使用许可证

5. 执行紧急救护,抢险救灾或者其他紧急任务,飞行计划申请最迟应在飞行前(　　)h提出。

A. 0.5　　　　B. 1　　　　C. 2

6. 申请飞行计划通常应当于飞行前一日(　　)向空中交通管制部门提出申请,并通知有关单位。

A. 15 时前　　　　B. 16 时前　　　　C. 17 时前

7. 下列不需要安装电子围栏的无人机类型是(　　)。

A. 区域以下运行的 Ⅰ、Ⅱ、Ⅴ类无人机

B. Ⅳ、Ⅵ、Ⅶ类无人机

C. 区域和机场净空区运行的Ⅱ、Ⅴ类无人机

8. 民用无人机用于农林喷洒作业时,要求其持有民用无人机驾驶员合格证并具有相应等级的人员有(　　)。

①作业负责人　②独立喷洒作业人员　③作业高度在 15 m 以上的作业人员

A. ①②③　　　　B. ①②　　　　C. ②③

项目三
多旋翼无人机安装与调试

【项目引入】

2019 年 1 月“5G 创新应用高峰论坛”上，浙江移动和杭州迅蚁网络科技有限公司签订了战略合作协议，成立了国内首个“5G 无人机物流应用创新实验室”，并联合发布了《5G 机器人运力网络白皮书》，双方深入探索 5G 无人机在即时配送领域、环境保护、突发事件图像采集、医疗设备运输、应急救援和构建智慧城市等多方面的应用融合。记者获悉，该项目试点进展顺利，5G 网联无人机物流配送已可初见端倪。

在杭州余杭未来研创园，记者体验了一把 5G 无人机送快递带来的惊喜。

记者用手机扫了下“5G 无人机物流配送”自取站上的二维码，便进入“迅蚁送吧”的 App，直接下了一个肯德基外送订单。在距离记者 2 km 外的肯德基店内，工作人员接到订单后，把快餐打包好放入停放在外卖自取站的 5G 无人机的“肚子”里，确认取货站点无误后，无人机自控起飞，飞向记者所在站点。最后，精准降落在自助取货站的停机坪上，自取站的升降装置将无人机上的货物送到取货窗口。前后不到 10 min，记者再次扫码，便取出了热气腾腾的咖啡与鸡翅。

工作人员向记者介绍说，飞行途中，无人机通过 GPS 导航的同时，利用 5G 网络的大带宽能力将摄像头拍摄到的画面传送到后台监控平台。到达目的地后依靠“5G 实时视觉识别”确认投放点，完成这一神奇的任务。这里，无人化物流机器人自身配备的大量传感器起到了很重要的作用，它们在完成配送任务过程中采集到丰富的立体的实时数据，而 5G 网络为无人机传输海量数据提供了保障。

当 5G 无人机进入指定空域准备降落时，可能遇到两种场景。第一种情况是在正常环境下，5G 无人机通过 5G 网络报备平台后即完成降落动作，完成物流派送作业；第二种情况是在恶劣环境下，如在严重雾霾天气下，5G 无人机无法定位降落靶标，此时云平台通过算法将下行数据传递给 5G 无人机，无人机通过后端平台牵引完成降落作业。

目前，一台无人机可以飞行15 km以上，一次飞行(送货的距离)消耗20%电量，一组电池可以飞三个往返，一个往返加上装货用时在20 min左右。后续，“5G无人机物流配送”还将延伸至城市管理、安防监控等领域。

(案例摘自：人民邮电报2019.3.13.7062期《手机下个单，无人机送来一杯咖啡？5G无人机为物流业带来新想象》网址：https://www.sohu.com/a/301025714_354877)

从案例中可以看到，5G技术的快速发展，有效推动了其他产业的快速发展。但是，在5G技术发展方面，我国受到其他国家的抵制和制裁，从5G技术的推广应用到芯片的加工制造接连受到制约。从这可以看出，研究开发出属于自己的知识产权和核心技术，减少对其他国家技术和产品的依赖，防止关键领域被限制至关重要。

我国“‘十四五’规划和二〇三五年远景目标”制定了坚持创新驱动发展，全面塑造发展新优势的长远规划。坚持创新在我国现代化建设全局中的核心地位，把科技自立自强作为国家发展的战略支撑，面向世界科技前沿、面向经济主战场、面向国家重大需求、面向人民生命健康，深入实施科教兴国战略、人才强国战略、创新驱动发展战略，完善国家创新体系，加快建设科技强国。制定科技强国行动纲要，健全社会主义市场经济条件下新型举国体制，打好关键核心技术攻坚战，提高创新链整体效能。加强基础研究，注重原始创新，优化学科布局和研发布局，推进学科交叉融合，完善共性基础技术供给体系。

无人机是一个新兴产业，与其他国家相比，无人机产业没有技术上的劣势，大家都处在同一起跑线上。因此，我们大学生应当坚定拥护党的领导，认真学习与贯彻党和政府的方针政策，学好、学精无人机领域的相关知识和技术，提高创新和实践能力，在无人机领域，成为有用人才，为我国科技创新和科技自立自强做出应有的贡献。

任务一　多旋翼无人机机械系统安装与调试

【知识准备】

一、多旋翼无人机机械系统的组成

机械系统是无人机骨架，起到支撑和保护作用。无人机的各零部件和载荷都安装在机械系统上，因此，机械系统的安装是无人机安装的第一步。为了顺利安装机械系统，需要了解无人机机械系统的组成及功能，能够看懂使用手册和安装图纸，在手册和图纸的帮助下，快速熟悉无人机机械系统的整个构造，为下一步零部件安装工作做好准备。

多旋翼无人机机械系统主要由机架、起落架、螺旋桨等组成。典型的教学实训多旋翼无人机机械系统主要部件如图3-1所示。

(一)机架

机架也叫机身，是机械系统的核心，大多数设备直接或间接安装在机架上，是其他结构部件的安装基础，机架将其他零部件集合成一个有机整体。其主要作用有如下几点：

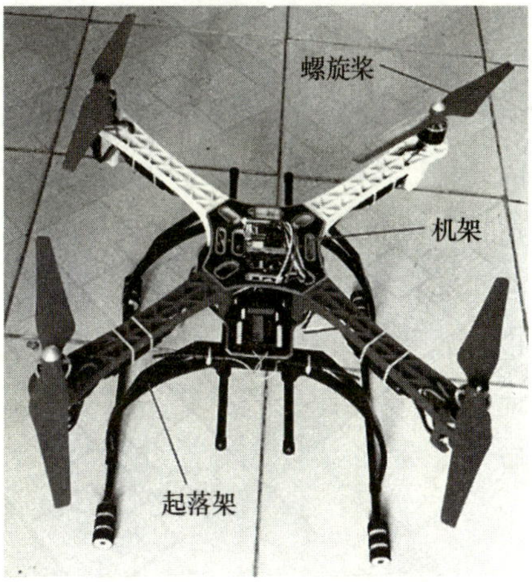

图 3-1　多旋翼无人机机械系统主要部件

(1)提供安装位置和紧固设计。为电机、起落架、电调、飞控等零部件提供安装固定位置，并设有安装螺孔、固定槽、走线孔等结构。

(2)提供稳固支撑和定位。在飞行过程中保证电机之间距离不变，电机安装牢固，不发生偏移，其他设备紧固可靠。

(3)便于平稳起降。通过安装起落架或其他缓冲设备，保证无人机在起降过程中平稳过渡，不发生猛烈冲击。

(4)提供机械安全防护。通过在机架上安装防护装置，防止螺旋桨、飞行设备等因操作失误、设备损坏或外界因素导致飞机失控而造成损坏。

基于机架的重要性，在安装时需要认真对待，不要随意修改零部件安装位置，改变机架结构强度和重心。

多旋翼无人机机架材质一般有塑料、玻璃纤维和碳纤维等。此外，还有木材、铝合金等材料制成的无人机机架。

(1)塑料机架。塑料机架制造简单，成本低，具有一定的刚度、强度和柔韧性，性价比高，但整体质量较大，限制了挂载设备的重量，因此较多使用在飞行玩具、教学实训用无人机。塑料机架如图 3-2 所示。

(2)玻璃纤维机架。相对于塑料，玻璃纤维机械性能更好，可以使用较少的材料达到较高的性能，可以减轻整体机架的重量，同时可以挂载质量较大的任务设备。由于玻璃纤维材料力学性能较好，玻璃纤维可应用于轴距较大、任务载荷较大的多旋翼无人机。玻璃纤维机架如图 3-3 所示。

(3)碳纤维机架。碳纤维材料机械性能优良，材质表面光滑、加工精度便于控制。材料的刚性好、强度高、耐疲劳、耐腐蚀、可靠性高。能有效减轻机架整体质量，提高任务设备质量。碳纤维材料广泛应用于无人机飞行设备，但价格稍高。碳纤维机架如图 3-4 所示。

图 3-2　塑料机架

图 3-3　玻璃纤维机架

图 3-4　碳纤维机架

（二）起落架

起落架也称脚架，是用来支撑停放、起飞和着陆的部件，同时还有保护下方任务设备的功能，一些任务设备安装位置也设置在起落架上。要求起落架具有强度高、结构牢靠、连接稳固可靠、可承受一定的冲击力等特性，能起到缓冲作用。多旋翼无人机起落架主要是四杆支撑式，或是为了增加结构强度，在支撑杆底部增加两条横杆，用于着地支撑。也有轮式起落架，但因多旋翼无人机可垂直起降，轮子作用不大，仅做支撑用，很少用来地面滑行，因此比较少见。四杆支撑式起落架如图 3-5 所示，横杆支撑式起落架如图 3-6 所示。

图 3-5　四杆支撑式起落架

图 3-6　横杆支撑式起落架

（三）螺旋桨

螺旋桨安装于无人机电机上，由电机高速转动驱动螺旋桨产生升力，通过飞控控制电机的转速，实现多旋翼无人机的起降、飞行、悬停等动作。螺旋桨在工作时转速高，受力较大，在飞行时最容易损坏。因此螺旋桨材料要求质量轻、强度高、韧性高。目前常用的螺旋桨材料有木材、塑料、玻璃纤维、碳纤维等，其中螺旋桨以使用塑料和碳纤维材料的较多。螺旋桨有双叶桨、三叶桨、五叶桨、六叶桨等多种类型，常用的为双叶桨和三叶桨。桨叶又有固定式和折叠式两种，固定式双叶桨如图 3-7 所示，固定式三叶桨如图 3-8 所示，折叠式双叶桨如图 3-9 所示。

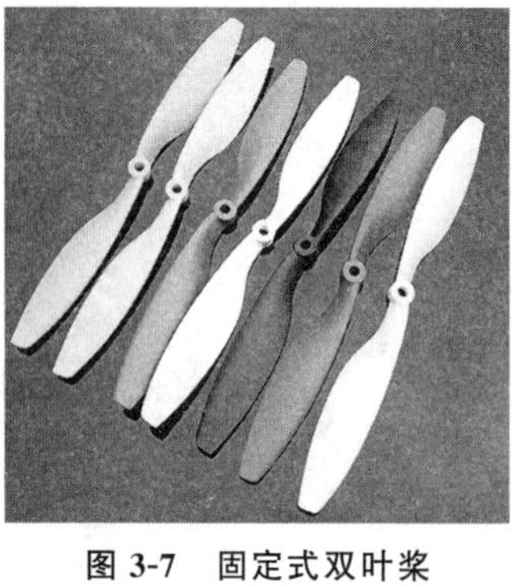

图 3-7　固定式双叶桨

图 3-8　固定式三叶桨

图 3-9 折叠式双叶桨

二、操作前的准备工作

（一）准备零部件和紧固件

根据多旋翼无人机技术手册机架零部件和紧固件清单，准备好相应材料，主要有：上中心板 1 块，下中心板 1 块，力臂 4 条，螺旋桨 2 对，弓形支撑架 2 个，支撑横杆 4 条，缓冲垫 4 个，端口密封套 4 个，M 2.5×6 圆柱内六角螺栓 24 颗，M 2.5×12 圆头内六角螺栓及防松螺母 4 套。

（二）准备安装工具

根据多旋翼无人机结构及安装特点，选择使用合适的紧固件和紧固方式进行安装，同时选用适宜的安装工具。教学实训用的多旋翼无人机机械系统，在选用安装工具时，根据零部件明细表可以很快选择出合适的安装工具、紧固用的工具以及辅助工具、耗材等，主要工具有：内六角扳手、尖嘴钳等。

不同类型的多旋翼无人机，由于结构千差万别，安装工具可能并不通用，需要根据实际情况和类型选用合适的安装工具。新采购的不同类型的无人机，最好能配备专用的安装维护工具。

（三）明确安装流程

在多旋翼无人机安装前，不仅要先配备足够的零部件和安装工具，更要认真阅读多旋翼无人机技术手册，在没有弄懂多旋翼无人机整体结构、安装方式和安装顺序之前不要盲目安装，很有可能因安装方式不正确损坏零部件或因安装顺序错乱导致某些零部件无法安装而返工。因此认真阅读技术手册，弄懂各零部件的布局和安装位置，分清不同紧固位置使用的紧固方式和紧固件型号、类型，再根据安装流程图确定各零部件的安装顺序，在安装前做好全面的准备工作。多旋翼无人机说明书及安装流程如图 3-10 所示。

【任务实施】

一、教学实训多旋翼无人机机械系统安装操作

多旋翼无人机机械系统安装操作步骤如表 3-1 所示。

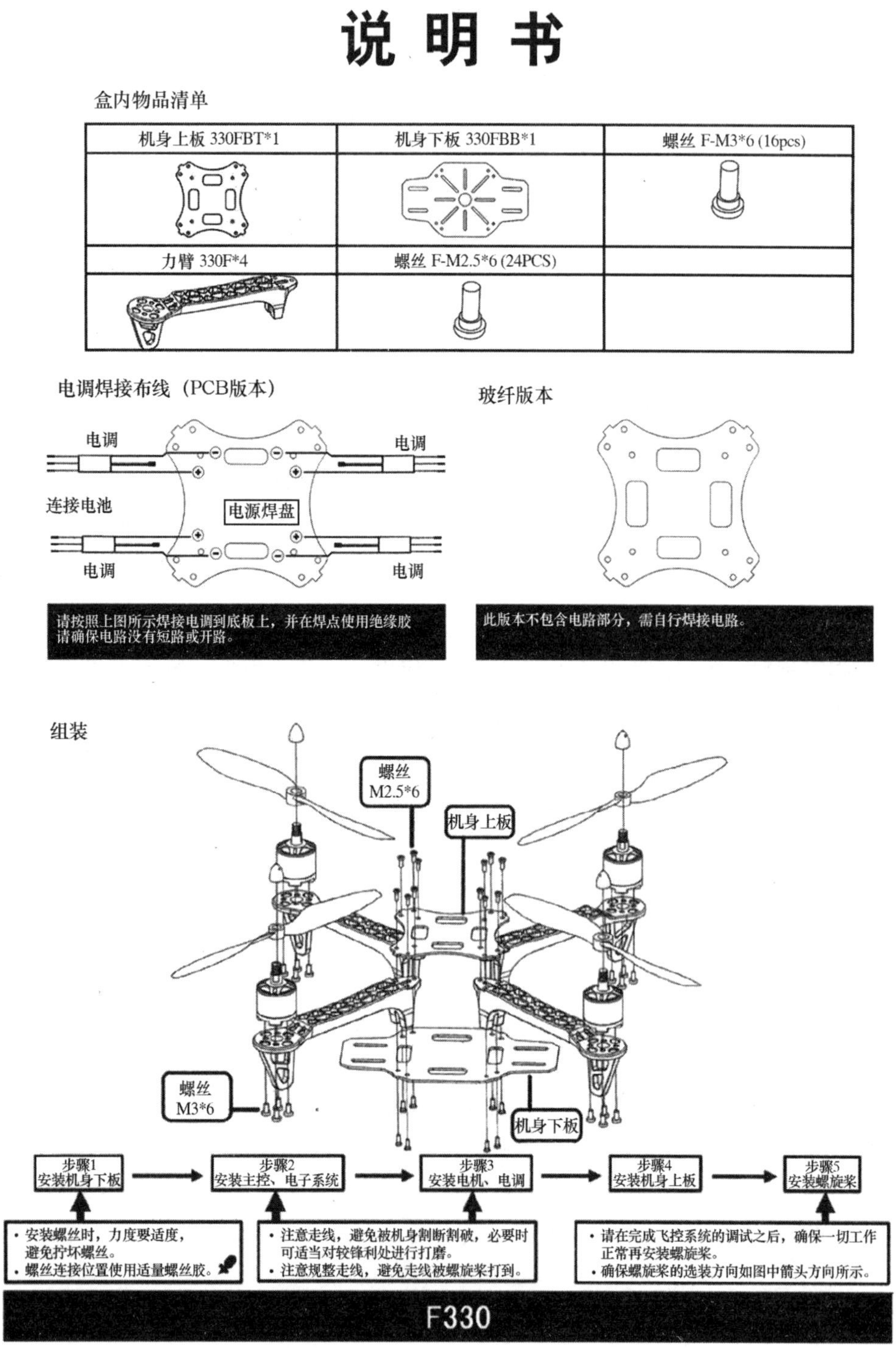

图 3-10　多旋翼无人机说明书及安装流程图

表 3-1　多旋翼无人机机械系统安装操作步骤

序号	操作说明	示意图
1	机架零部件和紧固件准备。主要零部件有上中心板、下中心板、螺栓、力臂等。因上、下中心板外形对称，因此只需以下中心板尺寸较长尺寸方向为前后方向（也可以下中心板尺寸较短尺寸方向为前后方向），下中心板上有“＋”“－”符号的面朝上，便于后续导线焊接	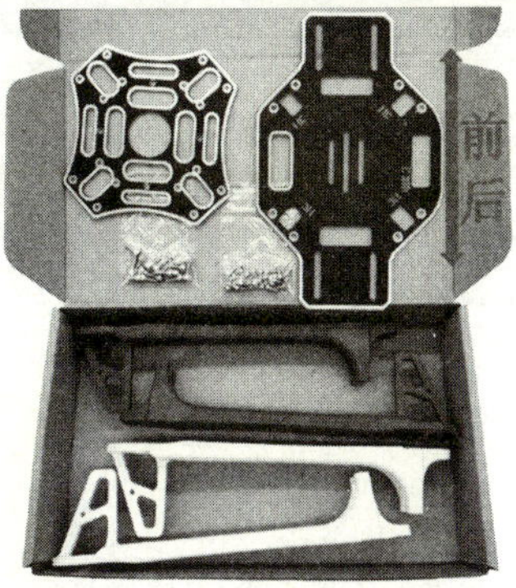
2	力臂安装。将四条力臂通过内六角螺栓安装在上中心板上面。因上中心板外形中心对称，无须考虑方向。安装时注意，相同颜色力臂相邻安装，两条红色力臂方向作为机头方向。力臂与上中心板安装位置要贴合良好，注意限位阶梯结构。此时螺栓不要拧紧，留有一定活动空间，便于下中心板与力臂孔位匹配	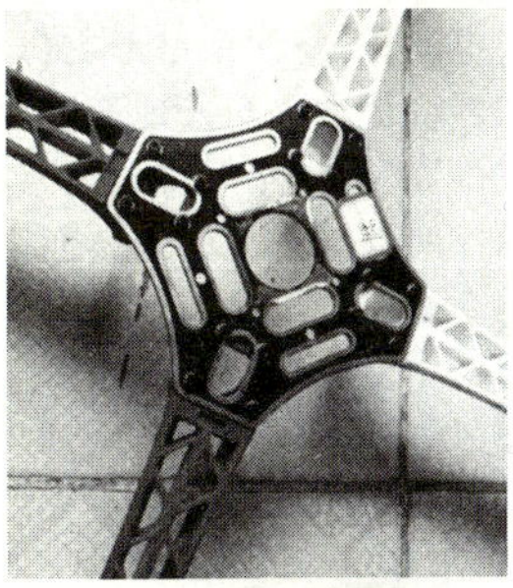 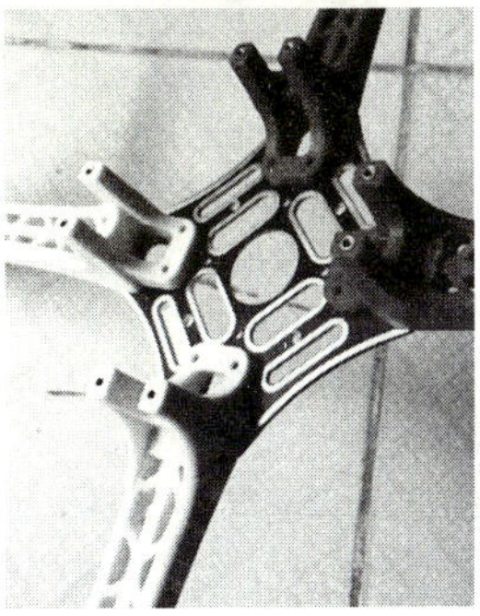
3	下中心板安装。使下中心板孔位对准力臂螺孔，逐一将螺栓旋入螺孔内，先不要拧紧。待检查各安装位置贴合到位，结构正确，没有出现折弯别住劲时，以对称方式分 2～3 次拧紧螺栓。螺栓紧固时不要使用蛮力，紧固合适为宜，切忌螺孔滑牙损坏。 此时多旋翼无人机机架安装已完成。在实际安装时，为了便于布线、线头的焊接、其他设备的固定安装，可先不安装下中心板，待将机架上、下中心板之间的零部件安装完成以后再进行安装，可提高整体安装质量和效率	

续表 3-1

序号	操作说明	示意图
4	起落架零部件和紧固件准备。主要零部件有弓形支撑架、支撑横杆、缓冲垫、端口密封套、螺栓、螺母等。其中支撑横杆为四条，两条用于地面支撑，另外两条用于挂载任务设备或备用	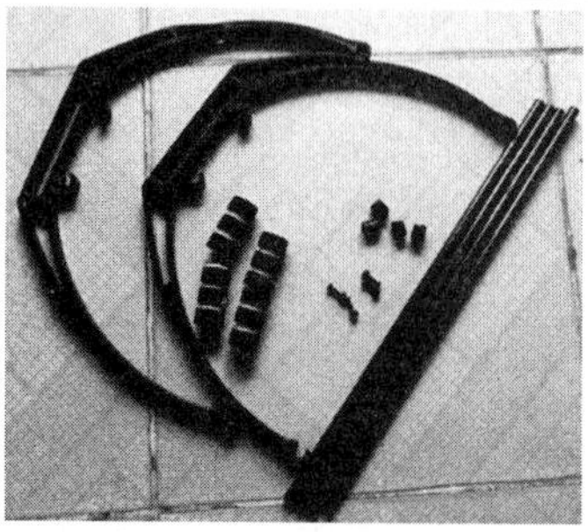
5	起落架安装。将支撑横杆穿过弓形支撑架半圆孔，将两个弓形支撑架连成一个整体。将缓冲垫套入地面支撑横杆端部，保证位置对称，然后将端口密封套套在挂载横杆两端。查看并调整四个缓冲垫，确保完全着地，受力均匀。此时无须调整两个弓形支撑架之间的距离，待下一步再进行处理，也可根据机架安装螺孔的间距调整距离	
6	机架与起落架连接。机架与起落架之间通过螺栓、螺母连接在下中心板前后端部。因下中心板安装起落架预留的孔为条形孔，为了保证整个机械系统中心位于结构中心，起落架两个弓形支撑架建议安装在条形孔最远的一端，使两个弓形支撑架处于距离最大位置处，此时也不需要测量安装尺寸，调节好安装位置，对准孔位以后即达到对称。螺栓紧固前调节好起落架各零部件的位置，调整支撑横杆，使各端伸出距离相等，两个弓形支撑架平行，调整完成后拧紧紧固螺栓，安装完成。螺旋桨需要完成电机安装以后再进行安装	

二、多旋翼无人机机械系统的调试

多旋翼无人机机械系统在安装完成以后可能无法达到使用要求，因此需要对安装的机械系统各零部件进行检查、调试。

（一）机械系统机械强度检查、调试

除了安装之前检查零部件是否完好无损坏之外，还需在安装完成之后对各零部件再进行一次检查，避免在安装过程中出现用力过度导致的零件损坏。主要检查零部件是否变形、是否开裂、位置是否安装正确、紧固是否牢固，对于损坏的零部件进行更换，安装不

正确、不牢固的进行调整。

为了保证机械系统的强度和刚度，对力臂、上中心板、下中心板、起落架、弓形支撑架等核心部件进行弯曲、扭转测试，可用一定高度下落测试起落架的支撑性能。对于局部位置刚度、强度不达标的，可以查看紧固连接是否正确，零部件是否受损有缺陷，及时更换有缺陷的零部件，更换后仍不能解决的，增加辅助加强结构进行加固。

（二）重心位置调整

为了使多旋翼无人机能平稳飞行，整个机械系统重心最好能在机械系统的几何中心位置。可以通过机械系统结构几何中心悬吊绳索的方式测试重心是否偏离，如果存在较大偏移，则通过调整安装孔位，调整机架与起落架的相对位置，调节起落架支撑横杆的位置，增加配重等方法将中心尽量调整至几何中心位置。在安装供电与控制系统后，仍需对无人机再次进行重心调整，也可在完成所有零部件安装后再进行重心调整。

【任务考核】

1. 笔试考核(10 min)

(1)多旋翼无人机机械系统的组成及作用。

(2)教学实训多旋翼无人机机械系统安装需要用到哪些工具？为什么安装时要考虑机械系统的重心位置？

2. 实操考核(20 min)

分组完成教学实训多旋翼无人机机械系统的安装，并记录完成时间和完成步骤。

(1)准备零部件：机架零部件、起落架零部件、紧固件、内六角扳手、尖嘴钳等。

(2)学生分组：2～3 人分为一组，组员之间配合完成安装，每安装一步做好记录。

(3)实践考核：按照安装步骤操作；正确完整安装；记录安装情况，遇到的问题，解决方法；清点零件、工具数量；工具摆放，实训台整洁情况，垃圾处理情况；小组成员任务分配，工作量大小。

3. 课后作业

以小组为单位，编制教学实训多旋翼无人机机械系统安装步骤表，注明所需工具，安装注意事项。

任务二　多旋翼无人机供电与控制系统安装与调试

【知识准备】

一、多旋翼无人机供电与控制系统的组成

供电与控制系统为无人机提供动力和飞行指令，让无人机能在人的操控下飞行。供

电与控制系统直接影响无人机飞行性能，在安装时各接线插接头、焊点一定要保证稳固牢靠，不能因无人机飞行、振动、气流等影响而松开、掉落。各导线布线合理，固定可靠，不能影响飞行和其他设备的安装和运行，更不能干扰到螺旋桨的高速旋转。

多旋翼无人机供电与控制系统主要有：电池、电机、飞控、电调、遥控接收器和遥控器、GPS 模块等。典型的教学实训用多旋翼无人机主要是在无人机实训课程供学生安装、调试和安全环境下的简单试飞，无 GPS 模块，也未安装其他任务设备。因此，对于教学实训用无人机设备一定要在有安全防护、确保实训安全的情况下才能进行调试和试飞，避免飞机失控，造成安全事故。多旋翼无人机供电与控制系统如图 3-11 所示。

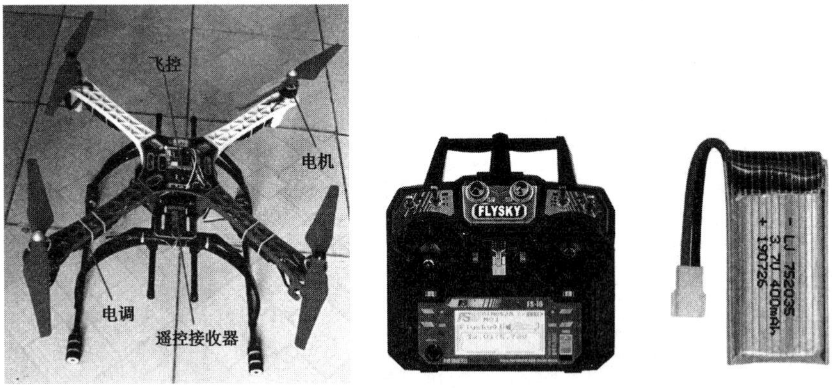

图 3-11　多旋翼无人机供电与控制系统

（一）电池

电池是电动多旋翼无人机的供电装置，是整个无人机的能量站，为其他电子器件和控制设备供电。电池性能的好坏直接影响无人机的续航能力和飞行稳定性。通常最小电芯是 1S(1 节)，1 节电芯的电压为 3.7 V，在实际使用中，为了增大电池容量和电压采用多节电芯进行串联组合，常用的有 3S、4S、6S 等电芯组，多旋翼无人机电池一般的续航时间为 15～20 min，电芯一般采用锂电池，无人机用锂电池如图 3-12 所示。

（二）电机

电机也称马达，是无人机飞行动力的来源，利用电机高速旋转，驱动螺旋桨产生升力和推力。通过控制电机的转速变化来实现无人机的升降、方向控制等动作。多旋翼无人机一般采用无刷直流电机。无刷直流电机质量轻、动力强劲、可靠性高。主要有外转子和内转子电机之分，多旋翼无人机多使用外转子电机。外转子无刷直流电机如图 3-13 所示。

（三）飞控

飞控即飞行控制器、遥控器、遥控接收器三部分组成飞控系统，起到稳定无人机飞行，控制无人机飞行姿态的作用，是无人机的“大脑”。根据实际需要，可选择不同扩展功能接口的飞控，如带 GPS 模块接口、额外传感器接口、专用功能接口等，扩展功能越多，价格越高。教学实训用多旋翼无人机对飞行控制器要求较低，无须较多扩展功能，F4 V3S Plus 飞控如图 3-14 所示。

（四）电调

电调即电机调速器，根据飞控提供的 PWM 信号，通过控制电机运转速度，来控制多旋翼无人机的飞行姿态。部分型号可为接收机和舵机提供 5 V 电源。选择的电调型号必须与电机匹配，避免造成设备过载而损坏。好盈天行者无刷电调如图 3-15 所示。

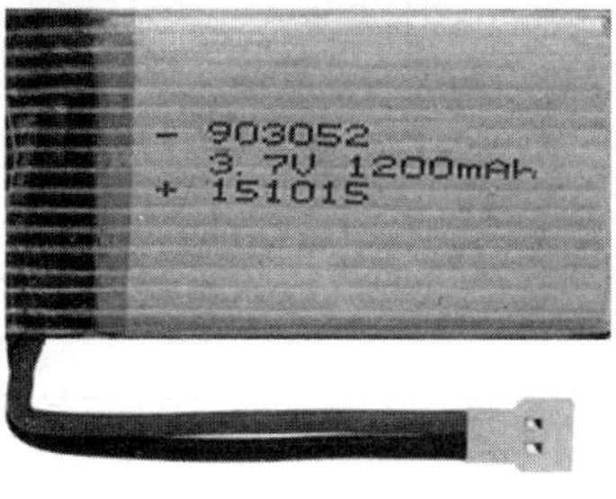

图 3-12　无人机用锂电池

图 3-13　外转子无刷直流电机

图 3-14　F4 V3S Plus 飞控

图 3-15　好盈天行者无刷电调

（五）遥控接收器和遥控器

遥控接收器和遥控器是成套使用的，两者共同作用。FS-IA6B 遥控器和接收器如图 3-16 所示。遥控器将人的操作命令由天线将无线信号传输至遥控接收器，遥控接收器通过天线将人的操作指令传输至飞控，从而控制多旋翼无人机的飞行姿态。目前无人机遥控设备有遥控器、手机、腕表等，其中遥控器是使用最广泛的。

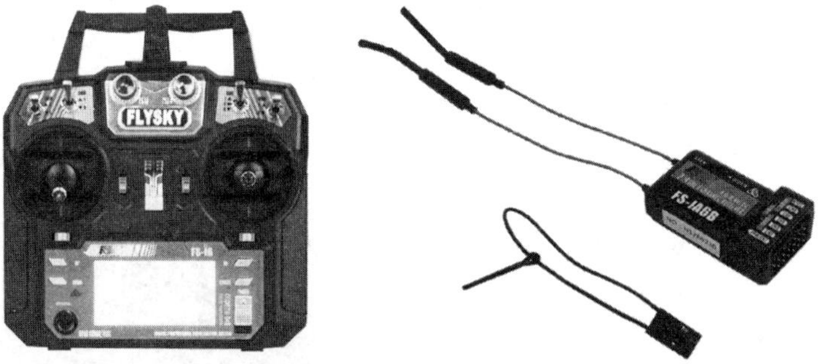

图 3-16　FS-IA6B 遥控器和接收器

（六）GPS 模块

GPS 模块用于测量多旋翼无人机飞行时的经度、纬度、航迹方向、飞行速度等，起到导航和定位作用。无人机在飞行时，GPS 与加速度传感器、陀螺仪、磁罗盘等相互结合，形成 GPS 卫星导航和惯性导航相结合的方式，在起飞、悬停和飞行过程中，时刻精确定位，有效保证无人机的飞行安全。北天 BT-F9PK3 导航模块如图 3-17 所示。

图 3-17　北天 BT-F9PK3 导航模块

二、操作前的准备工作

（一）准备零部件和紧固件

根据安装手册，准备好多旋翼无人机供电与控制系统零部件和紧固件。零部件主要有：电池 1 块，飞控 1 个，电调 4 个，电机 4 个，遥控接收器 1 个，对应导线和连接插头若干，M 3×8 内六角螺栓 16 颗，海绵垫 1 块，双面胶若干，尼龙扎带若干，魔术贴 1 条等。

（二）准备安装工具

多旋翼无人机供电与控制系统安装所需准备的工具主要有：内六角扳手、剪钳、热熔枪、热熔胶、电烙铁、焊锡、剥线钳等。

（三）明确安装流程

仔细阅读技术手册，确定电机安装位置和电机与飞控的连接插头的位置，不要插反插错，合理布置电池、飞控、遥控接收器、电调的位置，保证整体重心分布合理。布线整洁有序，不能影响飞行。

【任务实施】

一、教学实训多旋翼无人机供电与控制系统安装操作

多旋翼无人机供电与控制系统安装操作步骤如表 3-2 所示。

表 3-2　多旋翼无人机供电与控制系统安装操作步骤

序号	操作说明	示意图
1	零部件和紧固件准备。准备好电池、飞控、遥控接收器、电调、电机、螺栓、海绵垫等	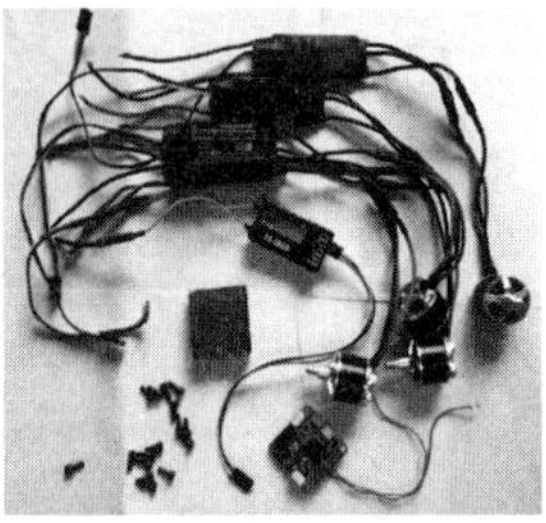

续表 3-2

	电机安装。将电机按顺序安装在机架…端部安装座。电机安装时注意电…，以螺旋桨圆锥顶部颜色来区…臂的电机旋转方向相反。单个…紧固时，采用对称拧紧方式，…渐拧紧，保证电机安装贴合…紧固良好，受力均匀	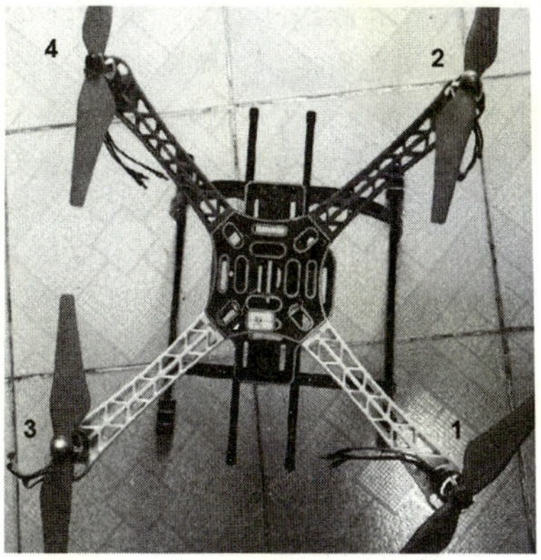 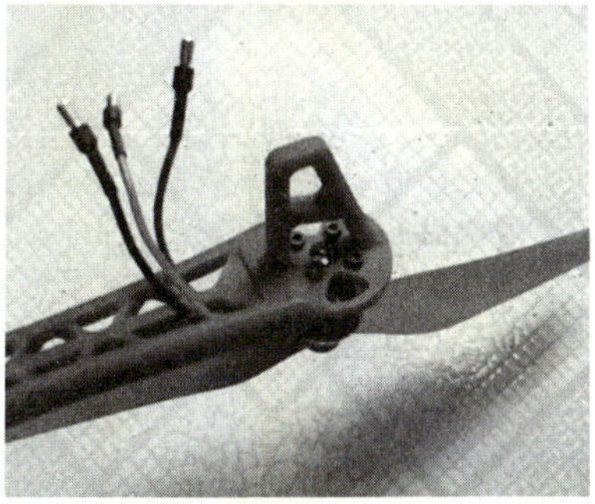
3	电池连接线插头焊接。为了便于导线焊接，将力臂与下中心板的螺栓松开，将机架分开。如果焊接比较熟练，可以不用拆开。焊接时注意导线颜色和下中心板“＋”“－”标记，红色导线焊接在“＋”标记位置，黑色导线焊接在“－”标记位置。电池连接线承载着整个多旋翼无人机的供电，电流大，因此焊接时保证焊接牢靠，焊接位置导线接触良好，接触电阻小，要提供足够的焊锡，使焊接位置圆润	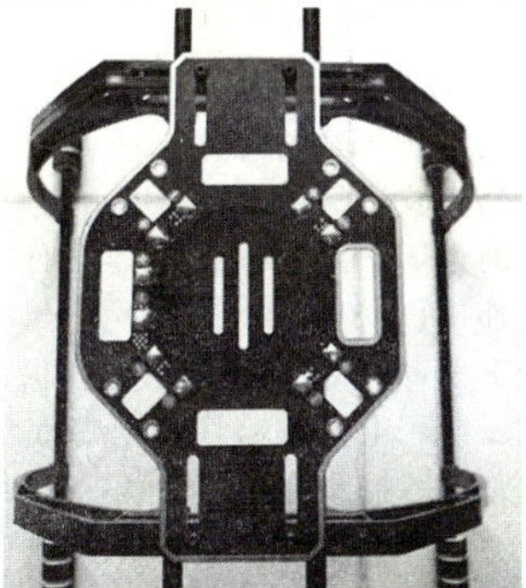 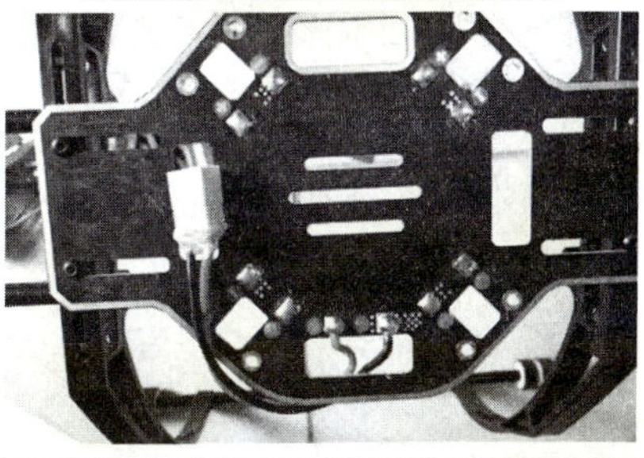

续表 3-2

序号	操作说明	示意图
4	电调电源接头焊接。按照红色线接“+”，黑色线接“-”的原则，将 4 个电调电源线接头依次用电烙铁焊接在下中心板上。保证焊点牢靠，焊接质量良好。然后用螺栓将力臂和下中心板紧固，同时注意，需要将电调导线放置在力臂与下中心板形成的孔内	
5	遥控接收器安装。将遥控接收器底部贴好双面胶，然后贴于无人机机头位置。保证放置机头中心位置，前后位置适宜，留有空间放置电池。如双面胶固定不够牢靠，则可用尼龙扎带进行加固	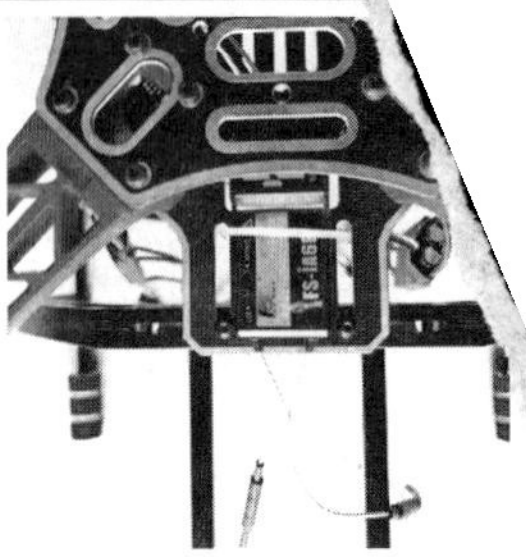
6	飞控安装。将海绵垫钻孔，钻孔位置对应飞控底部电源线位置，然后利用热熔枪将热熔胶涂敷在海绵垫周边，起到支撑飞控的作用，避免飞控底部零部件直接接触海绵垫，影响散热。然后用热熔胶把飞控 PCB 板和海绵垫粘接在一起，保证粘接牢靠。使用电烙铁将飞控电源线焊接在电池连接线插头焊接的位置，红色线焊接在“+”位置，棕色线焊接在“-”位置，焊接时不要影响电池连接线焊接质量。将海绵垫底部粘上双面胶，然后整个粘接到上安装板中间位置。注意安装到正中间位置，双面胶粘接牢靠，如果不牢靠，可以用尼龙扎带再次加固	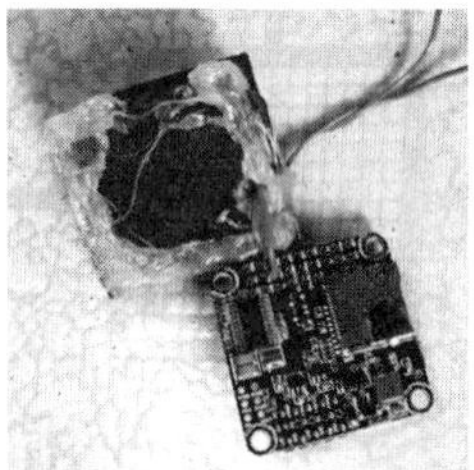  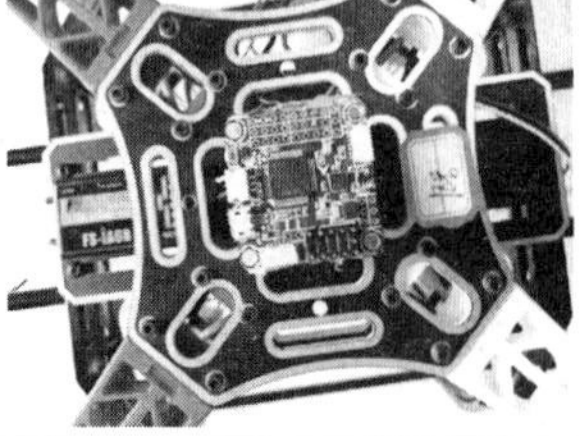

续表 3-2

序号	操作说明	示意图
7	插头连接。将电机与电调电源线插头连接好,注意导线的颜色。所有电机与电调红色线都一致,相邻电机黑色和蓝色线接线方式不同。如不太清楚电机黑色线和蓝色线连接顺序,可连接好后在通电调试时将导线调换正确,确保相邻电机转动方向相反,且与螺旋桨方向正确对应。将遥控接收器和电调控制线连接到飞控,注意各电调插接位置,插接稳固可靠	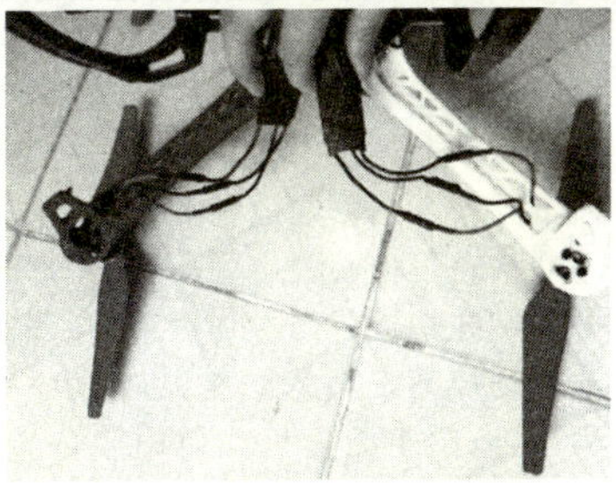 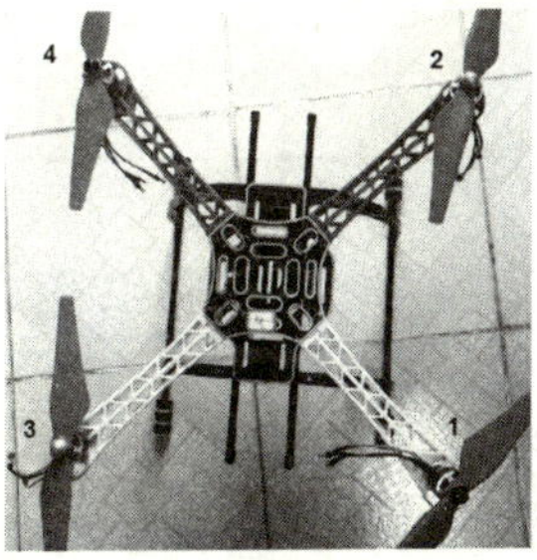 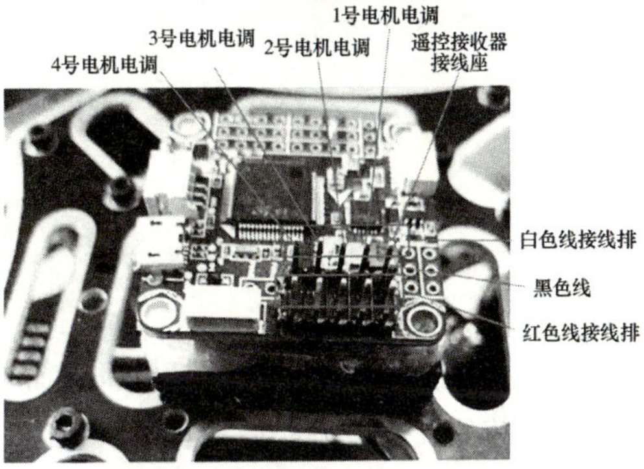
8	导线布置和固定。依照整齐有序的原则将各导线和电调进行固定,不能有松弛悬吊影响飞行的情况。尽量保证电调、导线等位置相对于中心对称,保证无人机重心尽可能位于几何中心	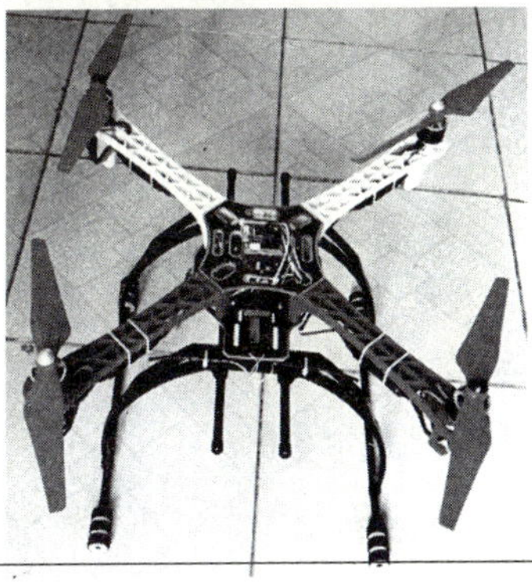

续表 3-2

序号	操作说明	示意图
9	电池安装。为了便于电池拆卸充电和维护,电池一般用魔术贴固定。将勾面带胶的魔术贴粘于下中心板中间位置,将绒面带胶魔术贴粘在电池上,将电池通过魔术贴粘在下中心板中间位置,然后再使用魔术贴扎带进行二次加固,避免飞行时电池松动掉落。魔术贴粘贴时保证固定牢固,电池位于无人机几何中心位置,保证整个无人机重心稳定	

二、多旋翼无人机供电与控制系统的调试

多旋翼无人机供电与控制系统安装完成以后需要通电测试,设置电调、飞控、遥控等飞行参数,同时通过通电测试,查看接线方式是否正确。整个过程中将螺旋桨拆除,避免危险。

(一)遥控器对频

多旋翼无人机参数设置和调试都需要使用遥控器,因此需要对遥控器进行对频以后进行下一步检查调试工作。下面以 FS-IA6B 遥控器和遥控接收器为例介绍遥控器对频操作。

(1)准备一个遥控器和一台新安装的教学实训用多旋翼无人机,对频测试时,先将螺旋桨拆掉,避免危险。

(2)在遥控接收器上插上对码线,再插上多旋翼无人机电池插头,让无人机通电,此时将飞控信号线连接遥控接收器,给遥控接收器通电,此时信号灯快速闪烁。

(3)持续按住遥控器对码键不放,打开遥控器电源开关,遥控屏幕显示对码成功后松开对码键,此时对码成功。

(二)飞控参数设置

新安装的多旋翼无人机需要安装飞控驱动程序,对飞控参数进行设置。根据无人机技术手册,在无人机通电状态下逐一对飞控传感器、布局方式、电调、电机等参数和驾驶模式进行设置。

(三)电调的校准

多旋翼无人机有多个电机,为了保证每个电机运转同步控制,需要对每个电调进行校准。校准主要是利用遥控器校准最大和最小油门位置,确保操作遥控时,所有电调都同时达到最大或最小油门状态。

校准时将遥控油门开到最大,然后再接通电调电源,待电调发出启动提示声,随后再发出“哔”的提示音以后,最大油门位置校准完成。然后将遥控油门位置调到最小,待电调出现“哔”的声音以后,最小油门位置校准完成,此时可以调节油门推杆,观察电机的旋

转情况。

（四）电机旋转方向检测

在多旋翼无人机飞行前，一定要对电机的旋转方向进行检查测试。首先，需要认真核对电调信号线插接顺序是否正确，如顺序不对，电机旋转方向以及飞机转向操控就会混乱，必须核对正确后才能进行电调与电机连接线检测。如电调与电机连接线连接不正确，则飞机起飞时就会失去平衡，甚至倒扣在地面。还需要通过遥控器缓慢推动油门，观察电机旋转方向是否正确。在拆掉螺旋桨的状态下，可以通过粘贴胶带等方式作为旋转方向辅助观察标记。同时检查螺旋桨安装方向是否正确，如有错误尽快调整。也可用翻滚测试对连线进行检测。测试前做好螺旋桨防护，在安装螺旋桨情况下，打开遥控器和无人机电源开关，轻微推动油门开关，让无人机螺旋桨运转，无人机不离开地面。操作方向杆，让无人机做前后、左右翻滚动作，如无人机按操纵杆操控方向翻滚运动，则电机旋转方向和电调信号线连接无误。操控翻滚时控制好油门和方向杆，使无人机有明显翻滚动作即可，避免无人机翻转倒扣，损坏螺旋桨。

（五）重心检查

多旋翼无人机理想的重心位置是无人机几何中心。虽然多旋翼无人机机械系统为中心对称结构，但是在安装了供电与控制系统各零部件以后，重心位置发生了变化。因此，需要对重心位置进行检查调整，其中以电池的安装位置对整个飞机重心位置影响最大，可以重点检查。

【任务考核】

1. 笔试考核(10 min)

(1)多旋翼无人机供电与控制系统的组成及作用。

(2)教学实训多旋翼无人机供电与控制系统安装需要用到哪些工具？电调与电机连接插头接线顺序，电调控制线、遥控接收器信号线插接位置。

2. 实操考核(20 min)

分组完成教学实训多旋翼无人机供电与控制系统的安装，并记录完成时间和完成步骤。

(1)准备零部件：电机、电调、飞控、遥控接收器、紧固件、海绵垫、内六角扳手、双面胶、热熔枪、热熔胶、尼龙扎带等。

(2)学生分组：2～3 人分为一组，组员之间配合完成安装，每安装一步做好记录。

(3)实践考核：按照安装步骤操作；正确完整安装；记录安装情况，遇到的问题，解决方法；清点零件、工具数量；工具摆放，实训台整洁情况，垃圾处理情况；小组成员任务分配，工作量大小。

3. 课后作业

以小组为单位，编制教学实训多旋翼无人机供电与控制系统安装步骤表，注明所需工具，安装注意事项。

任务三　多旋翼无人机飞行前的准备工作

【知识准备】

一、飞行环境

多旋翼无人机飞行前要仔细阅读无人机技术手册，对飞行环境、无人机机械系统、无人机供电与控制系统进行认真的检查，确保在安全无问题的情况下才能进行飞行操作，避免安全事故的发生。

（一）合法空域

多旋翼无人机飞行前应按照民航相关法规，对飞行空域进行申请，制订具体的飞行计划，具体如下：

(1)飞行单位、任务、预计飞行时段；

(2)驾驶员姓名；

(3)无人机型号和数量；

(4)起飞、降落和备降地点；

(5)飞行气象条件；

(6)飞行速度、高度和范围；

(7)其他需求。

对于操作人员，应该考取相应的驾驶证。

（二）适宜天气

无人机的飞行需要有适宜的天气条件，在极端条件下，严重影响无人机的飞行操作，导致无人机失控，引起安全事故。影响无人机飞行的气象环境主要包括风速、雨雪、大雾、空气密度、大气温度等。因此，在无人机飞行前要提前了解天气情况，留意飞行地点的天气预报。

(1)风速。无人机适宜飞行风速在4级(5.5～7.9 m/s)以下，尽量远离高楼和峡谷等风向突变地段。

(2)雨雪。雨雪天气会影响操作人员的视线和视野，操作难度增大。同时雨雪会进入飞机零部件，引起电子设备漏电短路等情况，导致无人机失控。雨雪也会加快无人机零部件的腐蚀，影响正常运行。

(3)大雾。大雾天气能见度很低，操作人员无法判断无人机的位置和距离。

(4)空气密度。空气密度高，无人机需要飞行转速较低，能耗小；反之，空气密度低，无人机需要飞行转速较高，能耗大，续航能力减弱。在飞行区域，因建筑物遮挡、其他外部环境等因素而引起部分区域光照、温度变化，空气密度也发生变化。在飞行时如果出现飞行区域内有空气密度变化较大，则会影响飞机稳定性，特别是低空从高密度空气区域突然飞入低密度空气区域，无人机升力突然下降，如果操作人员反应缓慢或自温系统滞后，则会出现“炸机”。

(5)大气温度。环境温度对飞行影响较大。由于多旋翼无人机飞行时高速旋转，消耗能量较大，电机、电调、电池等需要风冷散热。如果飞行环境温度过高，直接影响散热性能。同时操作人员在温度较高的环境下，注意力难以集中，反应速度变慢。

(三)安全的飞行环境

无人机飞行前不仅要确保天气良好，也要保证整个飞行区域安全，不受他人干扰。

1. 安全的电磁环境

目前主流的无人机遥控设备采用2.4 GHz频段，在飞行时很可能受到其他无人机飞行或遥控设备干扰。在飞行前查看其他无人机飞行情况，及时协调飞行时间，避免相互干扰。

2. 独立的飞行空间

在飞行前，划分一个飞行区域，做好相应的防护栏或边界标记，防止无关人员进入，避免飞行时无关人员因为好奇而闯入，干扰无人机的正常飞行，也避免引发安全事故。

3. 完善的防护措施

无人机飞行前做好相应的安全防护措施。教学实训用多旋翼无人机的性能和功能没有品牌无人机完善和优秀，在教学实训过程中，飞机出现失控、飞出防护栏等情况比较常见。在教学实训过程中，需要在无人机飞行区域内设置安全防护网，操作和观摩人员在安全区域内。

二、操作前的准备工作

(一)准备多旋翼无人机

准备好一台安装好的教学实训用4轴多旋翼无人机，轴距450 mm，配备遥控器、电池等零部件。

(二)准备检查工具

根据无人机检查项目，需要配备的检查工具有：万用表、钳表、内六角扳手、双面胶、魔术贴、尼龙扎带、电烙铁、焊锡、热熔枪、热熔胶等。

(三)明确检查流程

根据无人机技术手册，按照要求逐项对多旋翼无人机进行飞行前的检查和准备，保证无人机在起飞前各零部件安装正确牢靠，各线路连接正确，导电性良好。

【任务实施】

为了保证无人机安全飞行，安全顺利完成飞行任务，飞行前需对无人机进行全面检查和试飞，及时排除各项显性故障和问题，及时发现隐性问题，避免无人机“带病”飞行。多旋翼无人机飞行前的检查及试飞操作步骤如表3-3所示。

表 3-3　多旋翼无人机飞行前的检查及试飞操作步骤

序号	操作说明	示意图
1	机械系统检查。检查机架、起落架、零部件安装是否牢靠,螺栓等紧固件有无松动,所有零部件和电子器件安装是否均匀对称,是否有裂纹。检查螺旋桨是否完好,表面是否有污渍裂纹。安装是否紧固,螺旋桨正反桨是否安装正确,转动螺旋桨查看是否与其他零部件有干涉。检查重心位置是否正确	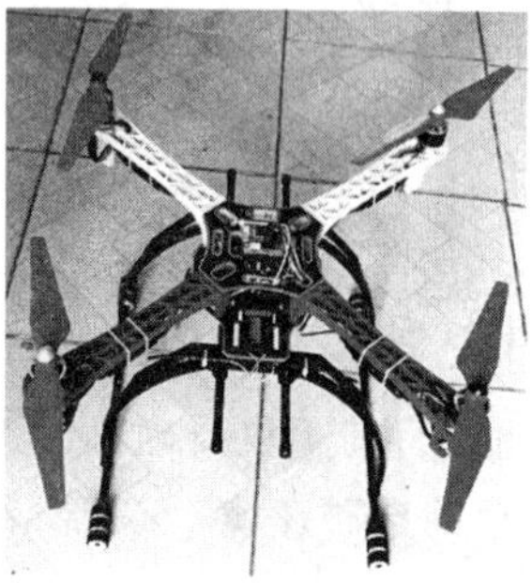
2	电机检查。检查电机旋转轴卡环是否牢固,旋转轴是否弯曲。用手转动电机是否有卡滞,电机定子和转子内部是否洁净	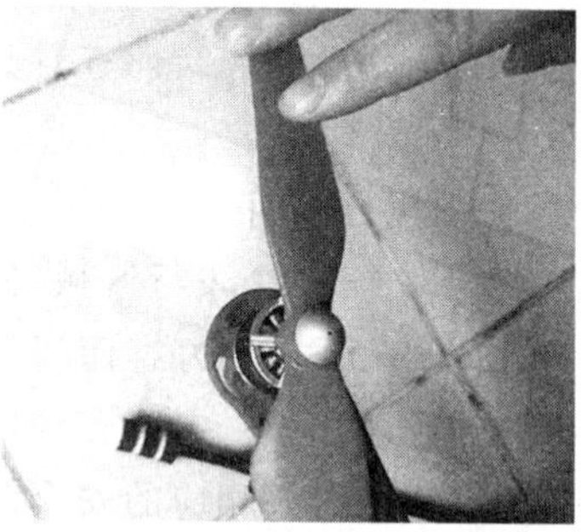
3	连接导线检查。检查导线插头连接是否紧固,导线焊接处是否牢靠焊接良好。检查导线绝缘层是否完好,热缩管和绝缘管是否破损	
4	电子设备检查。检查电子设备是否安装牢靠,表面是否清洁,连线是否正确,是否有防水、防尘、防摔装置。检查机头方向是否正确	

续表 3-3

序号	操作说明	示意图
5	电池检查。检查电池有无破损、膨胀鼓包、电解质泄漏等现象。测量电池电压是否在合理范围内，也可使用智能充电器检查电池电量是否能够完成一次飞行。电池性能检查完成后，将电池固定到正确位置，固定牢靠	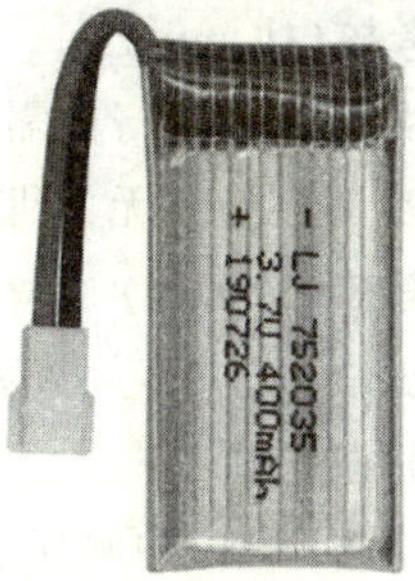
6	遥控器检查。检查遥控器模式是否正确，电池电量是否充足，开关是否完好，先开遥控器查看，待其他检查项完成后再给无人机通电测试	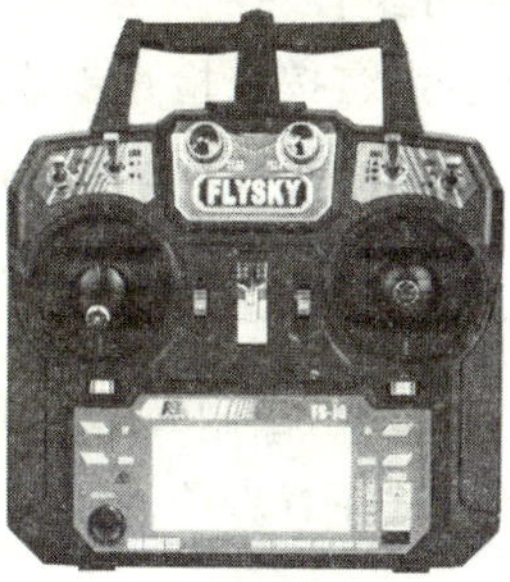
7	电子设备通电检查。将所有螺旋桨拆下，给无人机通电，查看电调提示音是否正确，用手感知各电子设备有无不正常发热现象，各指示灯是否正常显示。如出现不正常报警声，故障指示灯闪烁应立即处理	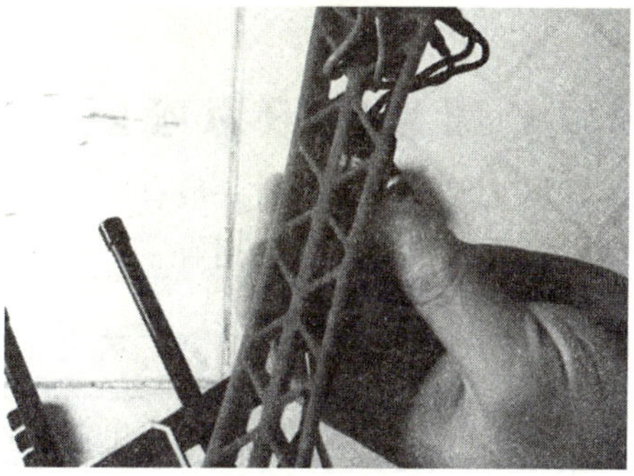
8	通电试飞。装好螺旋桨，给无人机通电。轻微推动遥控油门控制杆，观察各螺旋桨旋转是否正常，轻微推动操纵杆，看无人机在原地偏摆方向是否正确。拿起无人机晃动，看无人机能否自稳。手持无人机时注意安全，避免被螺旋桨划伤。加大油门，操作无人机进行前后左右、自旋飞行，观察飞行是否正常。进行矩形航线飞行，进行其他姿态飞行，观察无人机工作是否平稳正常。平稳降落后断开电源，检查各电子元器件是否有温度异常情况	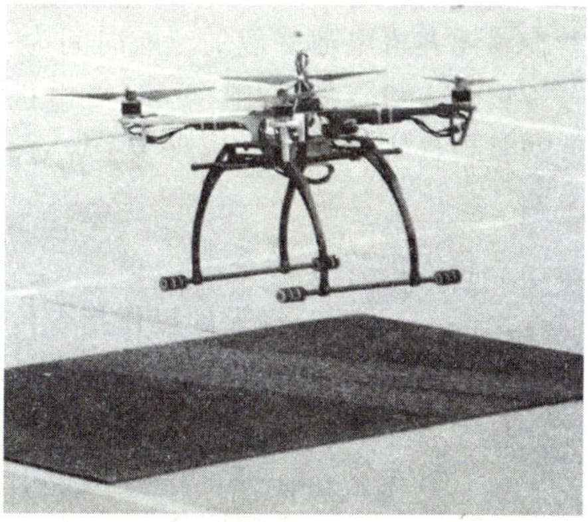

【任务考核】

1. 笔试考核(10 min)

(1)多旋翼无人机飞行前需要准备的工作有哪些?

(2)教学实训多旋翼无人机飞行前需要对无人机的哪些部件进行检查测试?

2. 实操考核(20 min)

分组完成教学实训多旋翼无人机机械系统和供电与控制系统飞行前的检查测试,并记录完成时间和完成步骤。

(1)准备工具材料:四旋翼无人机、内六角扳手、尖嘴钳、万用表等。

(2)学生分组:2~3 人分为一组,组员之间配合完成检查,每一步做好记录。

(3)实践考核:按照检查步骤操作;正确完成检查测试项目;记录操作情况,遇到的问题,解决方法;清点零件、工具数量;工具摆放,实训台整洁情况,垃圾处理情况;小组成员任务分配,工作量大小。

3. 课后作业

以小组为单位,编制教学实训多旋翼无人机飞行前检查测试步骤表,注明所需工具、仪表,检查、测试注意事项。

课后复习思考题

1. 多旋翼无人机机架材质一般有__________、__________和__________等种类。
2. 多旋翼无人机机架的作用有______________________、______________________、______________________、______________________。
3. 常用的螺旋桨有________桨、________桨,桨叶有__________和________两种形式。
4. 多旋翼无人机常用锂电池最小电芯 1S(1 节)的电压是__________V,为了增大电池容量和电压采用多节电芯进行________组合,常用的 3S 电芯组电压是__________V,多旋翼无人机电池一般的续航时间为____________min。
5. 多旋翼无人机一般采用________电机,有________转子和________转子电机之分。
6. 电调是根据__________提供的 PWM 信号控制电机转速。常用的电调是__________电调。
7. 遥控器将人的操作命令由____________将无线信号传输至遥控接收器,遥控接收器通过____________将人的操作指令传输至飞控,从而控制多旋翼无人机的飞行姿态。目前主流的无人机遥控设备采用________GHz 频段,在飞行时易受其他无人机飞行或遥控设备干扰。
8. 无人机适宜飞行风速在________级以下,尽量远离高楼和峡谷等风向突变地段。
9. 电机旋转方向可以通过调换电调与电机中__________条连线来改变。
10. 为保证安全,多旋翼无人机在通电调试前应将所有____________拆除,也要查看各连接线是否连接正确,焊点是否正确可靠,避免出现短路。

项目四 智慧农业无人机的载荷安装与调试

【项目引入】

我国农业无人机从 2008 年起步，但当时植保无人机发展处于萌芽阶段，价格高、性能不稳定，并没有实现大规模量产，用户无法实现盈利。植保无人机保有量低、作业面积少。进入 2016 年，植保无人机开始高速发展，有实力的无人机厂家陆续介入，带来了产品性能、性价比的快速提升。设备销售量逐年上升，作业面积保持大幅度增长。国家层面给予政策支持和购机补贴。各项作业标准、行业标准、质量标准、职业标准陆续推出，规范了行业发展。2017 年 3 月，农业部（现农业农村部）在全国“农机化工作会”上，首次提及将植保无人机纳入试点进行农机补贴。2017 年 9 月，农业部、财政部、民航局联合印发《关于开展农机购置补贴引导植保无人飞机规范应用试点工作的通知》，紧接着 12 月工信部印发《关于促进和规范民用无人机制造业发展的指导意见》。2018 年 3 月，农业农村部、财政部联合印发了《关于做好 2018—2020 年农机新产品购置补贴试点工作的通知》，明确表示要鼓励无人机在植保领域的发展创新，推动植保无人机行业的发展。

无人机由飞行控制系统（动力、GPS、通信）、任务载荷系统（传感器、外挂设备等）与地面控制系统（远程遥控系统、监视设备、数据链等）构成，任务载荷是无人机平台上搭载的各种任务设备，是无人机系统的重要组成部分，无人机通过装载各种不同的载荷来实现其目标任务。农业无人机的载荷根据其用途相对较复杂，如何安装这类载荷就显得非常重要。为了顺利掌握智慧农业无人机的载荷安装与调试，需要了解农用无人机的特点、用途、多旋翼无人机典型载荷等相关知识，熟悉药箱与管路连接、药箱与机身连接等相关操作。

任务一　智慧农业无人机药箱与管路连接操作
（以大疆 T20 植保无人机为例）

【知识准备】

中国人口红利消失，农村缺乏青壮年劳动力，农村要实现规模化生产，采用农业无人机作业能解放劳动力，提高生产效率，降低作业成本，达到高效快捷的生产目的。从播种、施肥、喷洒农药到病虫害防治，都可使用农业无人机作业，可采用多元化种植，增加农民收入，带领农民致富，做到“富民强国”，为国家走向全面富强创造最基本的条件。过去每年因农药中毒的死亡人数居高不下，采用农业无人机施肥喷洒农药，安全高效、操作容易，减少人与农药深度接触的机会，降低中毒概率，保护农民和作业人员的身体健康。因而，农业无人机的用途是非常广泛的。智慧农业无人机的用途主要有以下几种：

1. 植保作业

多年来，农作物病虫草害一直是影响粮食产量的主要问题之一，我国每年需要进行大量的农业植保作业。无人机能代替地面机械进行农事生产，对农作物开展施药施肥，保证农作物长势，并有效提高其品质。无人机工作时产生的向下气流，能提高雾流对作物的穿透性，保证生长环境中去除病菌和害虫的效果，为作物提供良好的生长环境。

一般农业无人机喷洒飞行作业速度为 3～6 m/s，喷幅宽度为 4～8 m，并且能够与农作物的距离最低保持在 1～2 m 的固定高度，规模作业能达到 5.3～6.7 hm^2/h，其效率是常规人工喷洒的数十倍。农业无人机的作业不受耕作模式及区域的限制，自动飞控导航作业能有效保证操作人员的安全，并改善植保机械和人工作业进地难、效果差等不足。大型智慧农业无人机大疆 T20 如图 4-1 所示。

图 4-1　大型智慧农业无人机大疆 T20

2. 农田信息采集

无人机尤其是多旋翼无人机，以其能够具有垂直起降、定点悬停和中慢速巡航飞行等固定翼飞机不具有的飞行性能，特别适合田间作物信息获取所需的多重复、定点、多尺度、高分辨率的要求。

无人机信息获取灵活方便，能解决卫星遥感受时间限制、分辨率不高的问题，具有较高的效率，是了解作物长势，获取植物养分和病害信息的重要平台。

3. 林业监测工作

农业无人机还可以用于林业监理、监测、森林防火、森林病虫害检测及防治等。无人机通过搭载高分辨率监测、摄像设备，可以解决勘察人员不足、效果差、效率低等问题，有助于林区管理人员精确掌握林区的森林现状。其巡查系统可以对异常、病变、枯死的林木精准定位，通过采集有效的摄影资料，可以实施森林资源调查和荒漠化检测、森林病害虫监测及其防治、森林火灾监测和动态管理、火灾救援及人工降雨等工作，最终为林业的时查时管提供科学有效的依据。

4. 作物授粉工作

农业无人机还可用于水稻等作物杂交制种辅助授粉等工作。传统的杂交稻制种人工牵绳辅助授粉，每个劳力每天可授粉 0.2～0.33 hm^2，花粉传播距离近，劳动强度大；而由动力无人机辅助授粉每天的有效授粉时间约 30 min，授粉 2～3 次，可完成约 4 hm^2 授粉作业。

【任务实施】

大疆 T20 植保无人机药箱与管路连接操作步骤如表 4-1 所示。

表 4-1　大疆 T20 植保无人机药箱与管路连接操作步骤

操作步骤	操作说明	示意图
1	取出药箱，查看药箱外表面是否完好无损，尤其是检查药箱与机体连接处接头密封胶是否有老化破损，检查药箱进水口盖是否完好	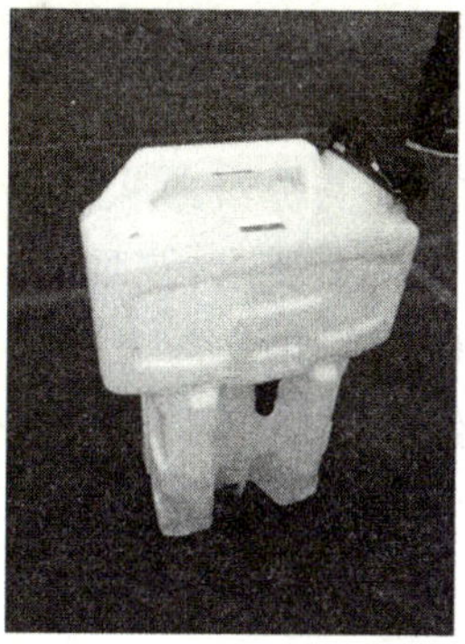
2	检查机体感应药箱液位高度感应器是否完好	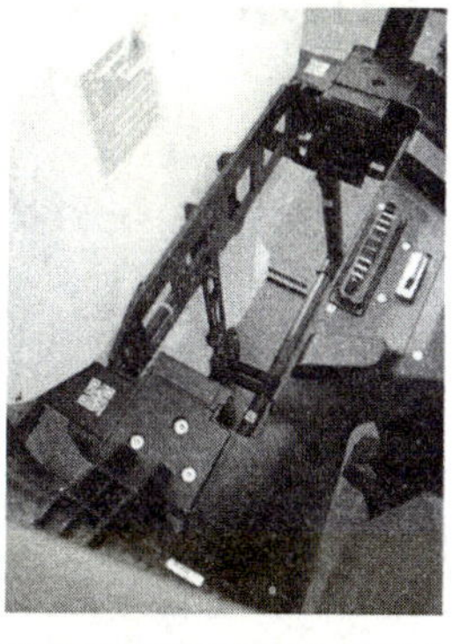

续表 4-1

操作步骤	操作说明	示意图
3	将 Φ6 水管按照图示连接到机体各接头上，并检查是否连接稳固	
4	将 Φ6 水管按照图示依次连接到机体各个喷头处，并检查是否连接稳固	

【任务考核】

1. 笔试考核(单个人在 5 min 内完成问题)

农业无人机有哪些用途?

2. 实操考核(分小组在 10 min 内完成药箱与管路的连接操作，并进行相应记录)

(1)准备器材：机体、药箱、管路、喷头、相应标准件接头及工具等。

(2)进行分组：3 人为 1 组，2 人进行实践操作，1 人进行记录。

(3)考核要求：按照流程进行操作，正确完成安装，记录规范完整。

3. 课后作业

智慧无人机在植保作业时的具体应用有哪些内容?

任务二　智慧农业无人机药箱与机体安装操作
(以大疆 T20 植保无人机为例)

【知识准备】

农业无人机的载荷包括喷洒系统和专用机载设备两部分。喷洒系统由药箱、水泵、喷头、喷杆和药水管等部分组成。专用机载设备根据作业方式不同，有测高雷达、视频设备、照相设备等。大型智慧农业无人机性能强大且喷洒效果出色，可在大田、梯田、果园等多种作业场景下实现全自主作业，最大载重 20 kg，配合 20 L 作业箱，8 喷头设计，配合深度优化风场设计，雾滴均匀细密，轻松覆盖作物叶片两面。

大型智慧农业无人机大疆 T20 载荷的部分设备如图 4-2 所示。

(a)

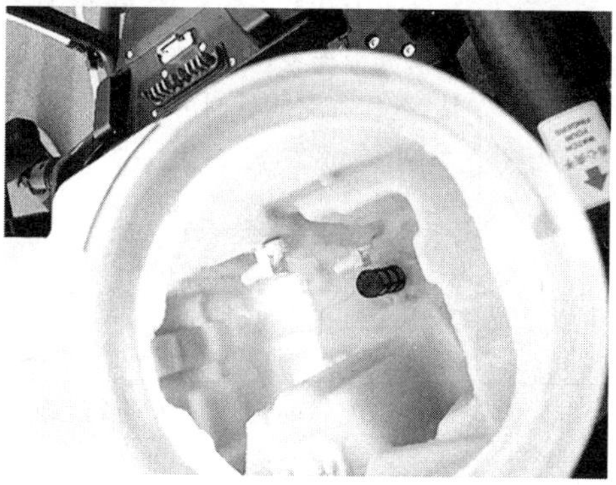

(b)

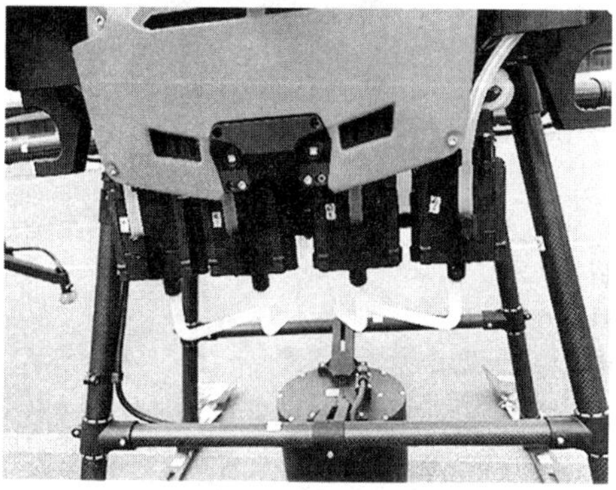

(c)

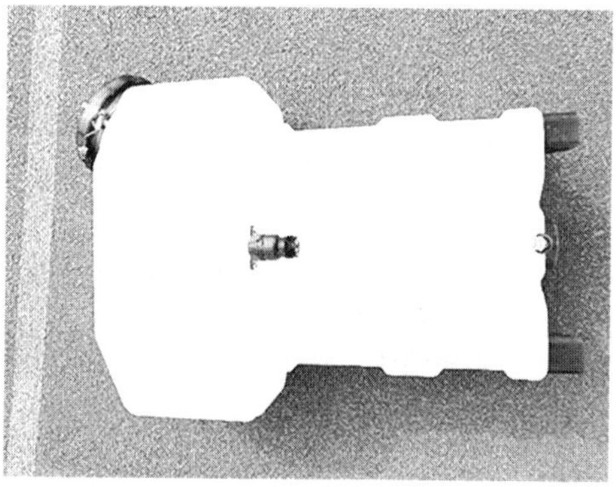

(d)

(e)

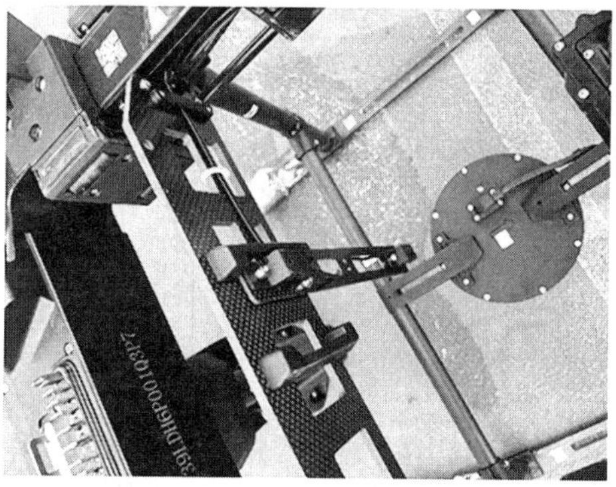

(f)

图 4-2　大型智慧农业无人机大疆 T20 载荷的部分设备

(a)药箱；(b)药箱滤网；(c) 药水管；(d)药箱药水管；(e)喷杆、喷头；(f)传感器

【任务实施】

大疆 T20 植保无人机药箱与机体安装操作步骤如表 4-2 所示。

表 4-2 大疆 T20 植保无人机药箱与机体安装操作步骤

操作步骤	操作说明	示意图
1	首先在药箱中加入清水，检查药箱是否有漏液现象，检查药箱出水口是否有堵塞，检查完成后倒出清水	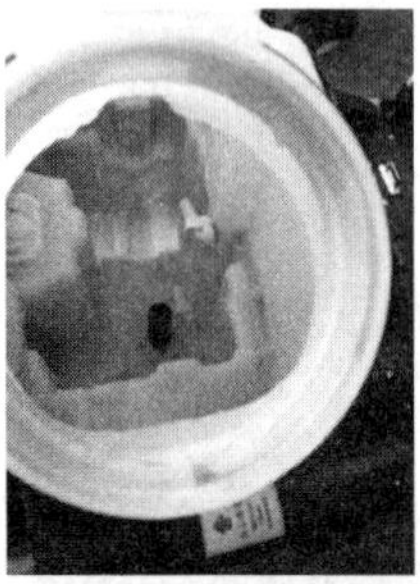
2	将调配好的药液倒入药箱，旋紧药箱盖	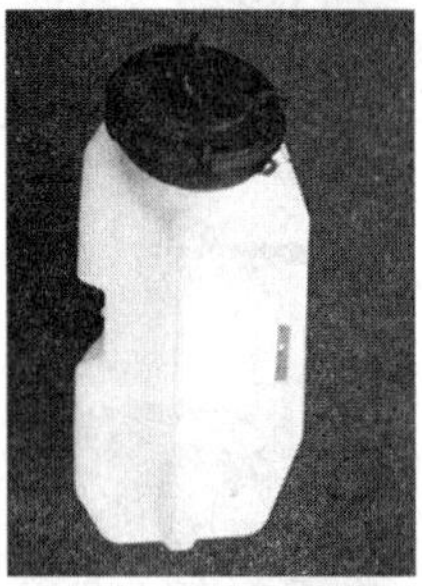
3	将药箱从上方对准无人机药箱安装槽，沿着导向槽，轻轻向下按压药箱，直到箱体上肩处贴紧机身上沿部，压实即可	
4	将无人机依次展开机臂，旋紧卡扣至白色标线处，将无人机放置在相对平整的地面上	
5	打开遥控器开关，打开无人机电源开关，遥控器与无人机对频成功后，在遥控器界面上点击喷洒开关，检查药液是否正常喷出，若所有喷头正常喷洒则药箱与机体间的连接安装完成	

【任务考核】

1. 笔试考核(单个人在 5 min 内完成问题)

植保多旋翼无人机的典型载荷有哪些?

2. 实操考核(分小组在 10 min 内完成药箱与机体的连接操作,并进行相应记录)

(1)准备器材:机体、药箱,管路、喷头、相应标准件接头及工具等。

(2)进行分组:3 人为 1 组,2 人进行实践操作,1 人进行记录。

(3)考核要求:按照流程进行操作,正确完成安装,记录规范完整。

3. 课后作业

(1)简述智慧农业无人机喷洒系统的具体结构组成。

(2)智慧农业无人机进行植保作业时配备的专用机载设备有哪些?

课后复习思考题

1. 任务载荷是无人机平台上搭载的各种__________,无人机通过装载各种不同的载荷来实现其目标任务。

2. 农业无人机的用途非常广泛,有__________作业、__________工作、林业监测工作和作物授粉工作等。

3. 农业无人机喷洒飞行作业速度为__________m/s,喷幅宽度为__________m,并且能够与农作物的距离最低保持在 1~2 m 的固定高度,规模作业能达到 5.3~6.7 hm^2/h,其效率是常规人工喷洒的数十倍。

4. 多旋翼无人机,以其能够具有垂直起降、定点悬停和中慢速巡航飞行等固定翼飞机不具有的飞行性能,特别适合田间作物信息获取所需的__________、定点、__________和高分辨率的要求。

5. 无人机森林巡查系统,可以实施__________调查和荒漠化检测、__________监测及其防治、森林火灾监测和动态管理、火灾救援及人工降雨等工作,最终为林业的时查时管提供科学有效的依据。

6. 农业无人机还可用于水稻等作物杂交制种辅助授粉等工作,动力无人机辅助授粉每天的有效授粉时间约 30 min,授粉 2~3 次,可完成约__________ hm^2 授粉作业。

7. 农业无人机的载荷包括________系统和__________设备两部分。

8. 农业无人机的喷洒系统由药箱、__________、__________、__________和药水管等部分组成。

9. 农业无人机的专用机载设备根据作业方式不同,有__________、__________和照相设备等。

10. 大型智慧农业无人机性能强大且喷洒效果出色,最大载重量可达________kg,配合________L 作业箱,8 喷头设计,配合深度__________设计,雾滴均匀细密,轻松覆盖作物叶片两面。

11. 农业无人机药箱与管路连接时，重点检查药箱与机体连接处__________是否有老化破损，检查药箱进水口盖是否完好。
12. 农业无人机药箱水管与机体的接头及__________连接时，要检查是否连接稳固。
13. 大疆 T20 植保无人机检查漏液现象时，需往药箱中加入__________进行漏液检查，同时进行喷洒检查药箱出水口是否有堵塞。
14. 大疆 T20 植保无人机的药箱安装时，需将药箱从________方对准无人机药箱安装槽，沿着________，轻轻向下按压药箱，直到箱体上肩处贴紧机身上沿部，压实即可。
15. 大疆 T20 植保无人机检查药液无________，所有喷头均可正常________，则可认为药箱与机体间的连接安装完成。

项目五
智慧农业无人机药液处理操作

【项目引入】

智慧农业无人机药液一般特指农药，主要包括杀虫剂、杀菌剂、除草剂、植物生长调节剂等。农作物病虫害是我国的主要农业灾害之一，它具有种类多、影响大、时常暴发成灾的特点，其发生范围和严重程度对我国国民经济特别是农业生产造成重大损失，而农药防治是目前最经济有效的办法之一。

2022 年 3 月 29 日我国最新修订的《农药管理条例》中的农药，是指用于预防、控制危害农业、林业的病、虫、草、鼠和其他有害生物以及有目的地调节植物、昆虫生长的化学合成或者来源于生物、其他天然物质的一种物质或者几种物质的混合物及其制剂。

农药的品种繁多，每一种农药成分防治对象、用途、作用方式、化学成分、使用方法都有所不同，同一种农药有效成分又有多种加工剂型和规格，每一种农药的主要防治对象均有其特点和范围。同时我们还需要了解病虫害的特点、发生的环境及条件、针对病虫害的弱点对症下药，这样才能以最经济环保的方式解决病虫害。

智慧农业无人机药液处理主要包括药剂的选择、药剂配制及施药和废液处理等操作。科学合理地进行药液处理能起到事半功倍的效果。如果药液处理不当，轻则造成药效差或者浪费农药的现象；重则出现药害导致农作物萎蔫或者死亡、农产品外观被毁或者农药残留超标、施药周围人畜中毒或者鱼虾等水产死亡等严重事故。

假如你在一家智能农业科技有限公司担任飞防作业人员，你将会经常遇到各种各样的问题：

(1)在下乡宣传中，农户问你：你们飞机打药用水那么少，一亩地才 2 L，我们平时一亩地都打得像水洗一样，你们怎么保证打药效果？

(2)种植户老李买了假农药而不知，反而说你公司打药不行，没有效果。你如何教他辨别农药的真伪？正规农药应该是什么样的？

(3)在一次与同行的交流中,他们很得意地说最近公司研发出了一款超低容量剂型的阿维菌素。请问什么是超低容量剂型?

(4)种植户种 100 亩水稻,此时正是分蘖后期,封行初期,病虫害主要有:稻飞虱、二化螟、稻瘟病、纹枯病,你该如何给他选择药剂?

(5)气象因素对施药效果影响很大,这些气象因素有哪些?它们是如何影响的?

(6)你不小心在打飞防除草剂的时候,把附近水稻田边的水稻危害了,怎么办?如何避免?

(7)种植户张大哥给你发微信说,为什么这两年的病虫害越来越多了,打药次数也多了,但还是防都防不住?

(8)公司领导经常强调,我们做服务,打药效果是最重要的,打得好不好,不能靠说,要拿出调查数据、图片或者视频。请问关于药效有哪些指标?如何进行调查计算?

(9)在无人机施药结束后,同事小王说,现在都晚上 8 点半了,太饿了,赶紧把剩下的药倒掉,把无人机放车上,先回家吃饭,其他的明天再说。请问他的做法对吗?此时你该怎么做?

对于这些问题,请你通过本项目的学习,给出自己的解决方案。

任务一　农药的分类与安全使用

【知识准备】

一、杀虫剂的类别

(1)胃毒剂:只有被昆虫取食后经肠道吸收进入体内,到达靶标才可起到毒杀作用的药剂。这类药剂的药效发挥取决于用药后是否易于被昆虫取食,所以合理巧妙地和昆虫食料结合起来便显得至关重要,例如敌百虫等。

(2)触杀剂:接触到昆虫体后便可起到毒杀作用的药剂。这类农药的使用须保证施药于昆虫体表或昆虫活动的场所,使其主动接触中毒,例如马拉硫磷、辛硫磷等。

(3)熏蒸剂:利用气态化合物或药剂挥发产生气体,经昆虫的呼吸系统进入体内,引起害虫死亡的药剂,例如磷化铝、敌敌畏等。

(4)内吸剂:使用后可以被植物体吸收,并可传导运输到其他部位和组织,或被植物代谢产生有毒物质,使害虫取食后中毒死亡的药剂,例如乐果、乙酰甲胺磷等。

(5)拒食剂:这类药剂可影响昆虫的味觉器官,使其厌食或拒食,最后因饥饿、失水而逐渐死亡,或因摄取营养不足而不能正常发育,例如印楝素等。

(6)驱避剂:指施用于被保护对象表面后,依靠其物理、化学作用(如颜色、气味等)使害虫不愿接近或发生转移、潜逃现象,从而保护寄主植物的药剂,例如香茅油、雷公藤等。

(7)引诱剂:使用后依靠其物理、化学作用(如光、颜色、气味、微波信号)可将害虫诱聚而利于歼灭的药剂。

(8)不育剂:能破坏昆虫的正常生殖功能,使害虫不能繁殖后代的药剂,例如噻替哌等。

(9)生长调节剂:通过干扰、破坏昆虫的正常生长发育,使昆虫缓慢致死的药剂,例如早熟素、灭幼脲等。

二、杀菌剂的类别

(1)保护性杀菌剂:在病害流行前(即当病原菌没有接触到寄主或在病菌侵入寄主之前)施用于植物体可能受害的部位,以保护不受侵染的药剂,如百菌清、波尔多液、代森锰锌。

(2)治疗性杀菌剂:在植物染病以后,可以杀死或抑制病菌,使病株不再受害或恢复健康的药剂,如多菌灵、稻掺净、甲霜灵、霜霉威、烯酰吗啉、春雷霉素等。

(3)铲除性杀菌剂:对病原菌有直接杀伤作用的药剂。这类药剂常为植物生长期不能忍受,一般只用于土壤处理、植物休眠期或种苗处理,如福尔马林、戊唑醇等。

(4)免疫性杀菌剂:这类药剂施用后,可使植物获得抗病性,不易受病原物的侵染和危害,如氨基寡糖、S-诱抗素等。

三、除草剂的类别

(1)选择性除草剂:此类除草剂只能杀死杂草而不伤害作物,甚至只杀死某一种或某类杂草,不损害任何作物和其他杂草。大多数有机除草剂均属于此类,如氰氟草酯、五氟磺草胺、灭草松、氯氟吡氧乙酸、敌稗等。

(2)非选择性除草剂(灭生性除草剂)。这类除草剂对植物没有选择性,草苗不分。因此,不能在作物生育期内直接喷洒在作物植株上,如草甘膦、敌草快、草铵磷等。无机除草剂多属于这一类(如无机砷化物、硫酸铜等)。

四、飞防药剂

植保无人机施药时,无人机的作业高度在1.5～3 m,受到气象因素(温度、湿度、风速、风向等)、无人机类型、喷嘴类型、药液性质、操作方式(喷液压力、飞行速度、飞手熟练程度等)影响大,是一种低容量或者超低容量的喷洒,具有用水量低、雾滴粒径细、在喷洒后雾滴容易蒸发、飘失以及在靶标上流失的特点,因此飞防药剂要求具备以下性能:

(1)安全高效:由于飞防使用的药液浓度大,要求高浓度药剂不仅对作物安全和高效,而且需要充分考虑其毒性(急性毒性、亚慢性毒性、慢性毒性)以及环境安全性(蜂、鸟、鱼、蚕、水生生物、家畜、天敌昆虫、蚯蚓、土壤微生物以及暴露人群如生产工人、施药人员、附近居民以及对大气、水源、非靶向植物的安全性)，充分评估其施药安全性和风险，做好风险防范紧急预案。

(2)剂型合理：由于飞防用药液浓度高，需要选择能够高浓度稀释而不容易堵塞喷头的制剂，并且在一定时间内不发生分层、析出和沉淀。对于含有有机溶剂的制剂，则要求有机溶剂低毒和密度较大。另外，两种以上不同制剂混合时，相容性要好，事先做好配伍性试验并在使用时进行两次稀释。如果使用过程中加入专用的飞防助剂，也有助于解决稀释问题。

(3)抗挥发和抗飘失：由于飞机喷洒有一定高度，在风的作用下 80～400 μm 的雾滴容易飘失，不仅造成防效低而且会造成药害和污染，所以要求专用药剂具有抗挥发和飘失的性能。如果药剂抗飘失性能差，可以加入专用的飞防助剂或设置不施药缓冲区。

(4)沉积性能好：飞防药剂滴在植物表面呈点状分布，要求雾滴在植物表面的黏附性能好，从而提高农药利用率。

最早开发的适应于飞机作业的农药专用剂型是超低容量液剂(Ultralow Volume Concentrate，ULV)，它是一种直接喷施到靶标而无需稀释的特制油剂，具有低黏度和高稳定性，适合于飞机喷洒成 60～100 μm 的细小雾滴，均匀分布于作物茎叶表面，有效发挥防治病虫草害作用。超低容量液剂与乳油的比较如表 5-1 所示。

表 5-1　超低容量液剂与乳油的比较

性能指标	超低容量剂(ULV)	乳油
制剂用量/(L/hm^2)	1～1.5，通常设计 1 L 处理 1 hm^2 地块	0.1～0.15，通常设计 1 L 处理 10 hm^2 地块
兑水稀释	不用水稀释	稀释几百到几千倍后使用
雾滴粒径/μm	50～100	≥200
雾滴分布/μm	窄，50～100 占 80%	宽，20～400
黏附与沉积性	好	差
喷雾机具	飞机喷洒或超低容量喷雾机	手动或喷杆式喷雾机
挥发性和飘移性	控制挥发和飘移技术	易于挥发飘移
有毒溶剂	一般不含或少量	含二甲苯等
稀释稳定性测定	均一稳定，不稀释	稀释 100～200 倍测乳液稳定性

注：常见的农药剂型有可湿性粉剂(WP)、乳油(EC)、水分散粒剂(WG)

超低容量液剂的优点是：①喷液量低，5 L/hm^2 以下(大田)或 50 L/hm^2 以下(森林或果树)；②雾滴细，粒径 60～100 μm (而一般常规喷雾的雾滴是 200～500 μm 或更大)；③工效高；④不用水或用很少水；⑤渗透黏附好，抗挥发，耐雨水冲刷，药效高；⑥储藏运输使用方便。

其缺点是：需要专用施药设施、成本较高、高温可能产生药害。

五、飞防药剂助剂

飞防药剂助剂又称为辅助剂，是飞防药剂的加工和使用中除了农药有效成分外的其他各种辅助物料的总称，是飞防制剂配方中或施药时不可缺少的添加物。飞防药剂属于超低容量喷洒，在低稀释倍数和高稀释倍数下会有很大的差别，关键是如何让药剂在低稀释倍数下仍然保持高分散、抗蒸发、减少飘失等。因此，飞防助剂有如下机理：

(1)降低药剂产品稀释液的表面张力，提高喷头系统雾化效果。

(2)提高雾滴的沉降速率，使雾化的液滴迅速地从空中沉降至作物的叶面和标靶体表。

(3)提高雾滴的抗飘移能力，降低飞机下压气流带来的干扰，减少飘移带来的药害和利用率的下降。

(4)有效提高雾滴对叶面的附着力，改进雾滴的润湿和铺展能力，降低飞机下压气流对雾滴沉淀附着的干扰，有效提高雾滴在作物叶面或标靶害虫体表上的附着与黏附。

(5)有效提高标靶对药液的吸收，加快蜡质层溶解，促进药液吸收。

(6)在高温情况下具有良好的耐挥发能力，有效降低药液在叶面表面的蒸发；延长药物的作用时间，提高整体的药效和防控能力。

(7)有效提高耐雨水冲刷的能力，降低雨水对作物叶面有效成分的冲淋情况，提高活性成分在叶面的滞留时间，促进药物成分的进一步吸收。

按照功能，飞防助剂一般分为两类：一类是促进药剂布展、渗透、吸收的助剂；另一类是提高药剂在飞防施药过程中快速沉降的助剂，也称为沉降剂。

如果按照不同的分类方式，可将飞防施药助剂分为以下几种类型：

(1)展着剂：展着剂主要通过提高喷洒药液在植物茎叶和害虫、病原菌体表的湿润和展开能力，从而充分发挥的助剂。比如使用无人机在水稻上喷药的时候，因为水稻的叶片为疏水性表面，一般药液在叶片上表现出不浸润，会导致药液吸收受影响，最终影响药效，加入展着剂之后就可以提高药液在叶片上的展布，从而提高药效。

(2)抗飘移剂：抗飘移剂通过减少小雾滴的产生以及增加雾滴的沉降来减少雾滴飘移。飞防施药中细雾滴为最易飘移的部分，雾滴在运行传递过程中，可挥发组分的蒸发是造成大量细雾滴的重要原因。抗飘移剂的主要作用就是减缓汽化、抑制蒸发、防止雾滴迅速变细而产生飘移，一般以高分子聚合物居多，国外助剂公司的抗飘移剂相对成熟。

(3)蒸发抑制剂：蒸发抑制剂能减少雾滴在运动过程中的蒸发，使更多的雾滴到达作物靶标。蒸发抑制剂能够减缓喷施液在喷施过程中和在叶面上的蒸发。飞防施药雾滴分散度高，形成的雾滴粒径小，一般为 50～100 μm，易飘移，表面积很大，挥发率高，因此必须选用挥发性低的助剂。

(4)黏附剂：黏附剂是增加农药在植物叶片或者昆虫体壁等固体表面黏附性能的助剂。喷施到叶面上的药剂载体溶液蒸发后，只留下固体的活性物质颗粒，而这些固体的颗粒有被风、雨吹、洗掉的可能。黏附剂是一些黏性的、不易蒸发的化合物，可以使药物颗粒被黏在叶面上，增加活性成分被叶片吸收的机会。

(5)渗透剂:渗透剂是指促进药液的有效成分渗透或通过植物叶片或昆虫表皮进入内部的助剂种类。

(6)增效剂:增效剂本身是没有生物活性的,但可以通过抑制生物体内的解毒酶,提高农药的生物活性等来提高农药的药效。

(7)安全剂:安全剂通过生理生化过程,减少作物的药害产生情况。如在除草剂飞防施药中加入适量解草胺腈能大大降低药害风险。

(8)吸收剂:这一类助剂可以帮助活性成分穿透叶面的角质层、细胞壁、细胞膜而进入细胞内。它渗透性强。能使药物杀死组织内病原菌类或渗入昆虫体壁内杀灭害虫。如在除草剂飞防施药中加入适量卵磷脂、维生素 E 能加快死草速度及提高彻底性。

在使用飞防助剂的时候要注意以下四点,否则会导致效果差,甚至造成药害等施药事故。

(1)助剂选择性问题:对于非离子表面活性剂、矿物油、液体肥型喷洒助剂,在干旱条件下效果受影响,所以在干旱条件下应避免选择这些助剂。在航空施药助剂的选择上,建议选择具有多种功能的复合型助剂,不要将单一的有机硅用于航空施药助剂。

(2)加入助剂量不够:高温干旱条件下,必须加入植物油型喷洒助剂量为喷液量的1%~2%,才能取得很好的效果。

(3)操作问题:在航空施药过程中,重喷、漏喷、悬停时未关闭喷头,都会对效果造成影响。

(4)气候问题:在气温为 13~27 ℃、空气相对湿度大于 65%、风速小于 4 m/s 时,施药较好。其他不适宜气候,尽量减少喷药。

六、植物病虫害的综合防治方法

在农作物病虫害防治中,人们总结了五种防治方法,分别是:植物检疫、农业防治、物理防治、生物防治、化学防治。

(1)植物检疫:植物检疫是在一定的机构组织下,根据国家颁布的有关法律法规,对国内外输出或输入及国内各地区间调运的种苗、农副产品等进行严格的检验,不仅要防止外地的检疫性有害生物传入本地造成危害,还要防止本地的检疫性有害生物扩散蔓延,禁止或限制危险性的病、虫、草等的传入或传出,或传入后限制其传播,消灭其危害。

检疫的措施有:培育无病虫的种苗,开展普查工作,对调运的种苗进行检疫,消灭或封锁在局部地区发生的病、虫、草害。

(2)农业防治:农业防治是一种既安全又经济有效的农作物病虫害防治方法。它是结合农作物的栽培管理技术,有目的地改变农业田间环境条件,创造有利于农作物的生长发育而不利于病虫害发生的田间生态系统,从而控制病虫害发生、发展的方法。

选用抗病虫品种:利用农作物的抗病虫特性防治病虫害是最经济有效的方法,结合当地的病虫害发生情况,选用适宜的抗病虫品种。品种的抗病虫性是培育优良品种的重要内容之一。

轮作倒茬:长期在一块田地种植一种作物,会给病虫害提供一个较稳定的寄生环境,可能会使一些病害加重。合理的轮作倒茬,不但可以提高作物的抗病虫能力,还可以使那些寄生性强的病虫害,因找不到寄主而死亡。合理的间作套种还可以抑制一些病虫害的发生,如稻棉轮作可有效控制棉铃虫、棉枯萎病的发生;棉麦间作对防治棉蚜有利等。

合理施肥:根据作物的长势,氮、磷、钾配合施用,可以预防作物的缺素症,增强作物抗病虫能力和受到损伤后的恢复能力。

加强田间管理:主要措施有合理密植、中耕除草、适时播种、合理施用肥水、间苗定苗、拔除弱苗等。

(3)物理防治:物理防治的特点是成本低、不污染环境、效果好。它主要是利用光源、电磁波、热力、超声波等物理方法,抑制、钝化、杀死病原物,达到防治作物病虫害的目的。

捕杀法:利用人力或机械,捕捉和消灭害虫。

诱杀法:利用害虫的趋性对其进行诱杀。如利用害虫的趋光性,可用黑光灯诱杀 300 多种昆虫;利用害虫的趋化性,在害虫趋食的饵料中加入杀虫剂,如糖醋液诱杀黏虫等。

温度处理法:利用温度的变化杀死种子携带的病虫,常用的有日光晒种、低温冷冻、温水浸种、冷浸日晒等。

窒息灭菌法:创造缺氧条件来杀灭病虫,如石灰水浸种。

超声波法:利用超声波、紫外线等现代化物理学手段,可杀死多种病虫。

(4)生物防治:生物防治就是利用有益生物或有益生物的代谢产物来防治病虫害的方法。

以虫治虫:如棉田释放瓢虫、草蛉、胡蜂等防治蚜虫、棉铃虫;利用赤眼蜂、茧蜂防治玉米螟、豆小夜蛾、大豆食心虫、棉铃虫、苹果小卷蛾等多种农业害虫。

以菌治虫:以菌治虫是利用微生物或其代谢产物防治病虫害,如利用苏云金杆菌、白僵菌等防治害虫。

以菌治病:利用微生物分泌的抗生素制成农用抗生素制剂,如井冈霉素、春雷霉素等。

(5)化学防治:化学防治具有作用快,使用方便,防治对象广泛,受地区、季节的限制小,施药可高度机械化等优点;缺点是对人、畜有害,病虫易产生抗药性,破坏生态环境等。化学防治应与其他防治方法结合应用,尽量降低农药的副作用,避免农副产品中农药残留超标,向农作物高效低毒、低残留的方向发展。

七、农药的药效

药效是药剂在田间条件下对作物的病虫草鼠害产生的实际防治效果,是在田间生产条件下或接近田间生产条件下实测得的。

生物测定中所用药剂的浓度(或用量)和处理时间可笼统称为剂量,当处理时间固定时浓度或用量即具有剂量的意义。

死亡率是指在药剂处理后,在一个群体中被杀死个体的数量占群体(供试总个体数)的百分数。

$$防治区害虫死亡率=\frac{防治区害虫死亡数}{防治区供试数}\times100\%$$

$$对照区害虫死亡率(自然死亡率)=\frac{防治区害虫死亡数}{防治区供试数}\times100\%$$

$$校正死亡率=\frac{对照组生存率(\%)-处理组生存率(\%)}{对照组生存率(\%)}\times100\%$$

田间防治试验中多是在处理前后调查虫口密度(或被害数),以存活的个体数或种群增加或减少百分率或数量等指标来统计防治效果,常用公式有:

$$虫口减退率=\frac{施药前活虫数-施药后活虫数}{施药前活虫数}\times100\%$$

$$虫害防治效果=\frac{对照区被害率-处理区被害率}{对照区被害率}\times100\%$$

$$病害防治效果=\frac{对照区病情指数-处理区病情指数}{对照区病情指数}\times100\%$$

$$除草剂防治效果=\frac{对照区病情指数-处理区病情指数}{对照区病情指数}\times100\%$$

总而言之,农药是植保作业的最主要载体,在植保飞防服务中,作为技术员的你通常会先到农田了解病虫害情况,了解病虫草害的特点、发生的环境条件、针对病虫草害的弱点对症下药,然后根据具体情况给种植户用药建议,这样才能以最经济环保的方式解决。此时,你应当给种植户详细介绍需要用哪一类型的农药,它们的作用原理是什么,原料和成分是什么,有什么区别和特点等。

【任务实施】

常见作物病虫害的识别方法如表 5-2 所示。飞防药剂的选择(以水稻病虫害为例)如表 5-3 所示。

表 5-2　常见作物病虫害的识别方法

<table>
<tr><th>操作步骤</th><th>操作说明</th><th>示意图</th></tr>
<tr><td>1</td><td>在所进行飞防的区域内(市/县)提前了解种植面积较大的农作物,查阅这些农作物的病虫害情况,同时在飞防手册上进行记录</td><td>
水稻飞防手册
<table>
<tr><th>序号</th><th>病虫害名称</th><th>病虫害图片</th><th>病虫害科属</th><th>防治时间</th><th>防治方法</th><th>防治药剂</th><th>备注</th></tr>
<tr><td>1</td><td></td><td></td><td></td><td></td><td></td><td></td><td></td></tr>
<tr><td>2</td><td></td><td></td><td></td><td></td><td></td><td></td><td></td></tr>
<tr><td>3</td><td></td><td></td><td></td><td></td><td></td><td></td><td></td></tr>
<tr><td>4</td><td></td><td></td><td></td><td></td><td></td><td></td><td></td></tr>
<tr><td>5</td><td></td><td></td><td></td><td></td><td></td><td></td><td></td></tr>
</table></td></tr>
</table>

续表 5-2

操作步骤	操作说明	示意图
2	作业前，提前实地考察农作物的病虫害情况，详细拍照记录好病虫害的图片（上下左右、近景、远景、特写、尺子参照），照片要清晰，对好焦距。不要重复一个角度拍十几张。注意记录不同时期的病虫害图片。右图为草地贪夜蛾图片	
3	对于无法判断的虫害，可以这样做： （1）请教有经验的前辈。 （2）自己查阅书籍，进行网络搜索，搜索时可换一些搜索引擎，如百度、搜狗、必应、今日头条、微信、抖音、快手等，对于一些难找的可通过更换关键词、图片，翻译成英文进行搜索。 （3）用一些手机 App 进行搜索：如识农、农管家、见虫等，要求熟练运用网络资源进行识别	
4	对于病害的诊断，可以分为侵染性和非侵染性病害。植物非侵染性病害又叫生理性病害。 （1）田间诊断：病株在田间分布均匀，往往是大面积连片发生，没有发病中心；除个别热灼或药害外，一般为全株性症状。 （2）症状观察：用扩大镜检查无病征，保温保湿培养后也无病征。 （3）病原室内鉴定：用显微镜检查，无病原。 （4）加强管理和去除不良因素或增加对症元素后症状消失	 葡萄裂果 柑橘日灼 辣椒矮壮素药害 水稻缺氮

续表 5-2

操作步骤	操作说明	示意图
5	对于侵染性病害的诊断： (1)田间诊断：病株在田间有发病中心；有由点到面逐步扩大蔓延的趋势；有传染性。 (2)症状观察：真菌、细菌性病害病部后期有霉、粉、点粒状物或菌脓等病征，或保温保湿培养后有病征，可用扩大镜检查。线虫病可采用分离法检查，病毒病可用摩擦接种观察。 (3)病原室内鉴定：用显微镜进一步检查真菌性病原或对细菌性病害做喷菌现象观察。 (4)病原物分离培养接种。从发病部位分离出病菌，进行培养的，接种到同种作物上能引起相同症状	

表 5-3　飞防药剂的选择(以水稻病虫害为例)

操作步骤	操作说明	示意图
1	通过当地农业农村厅网站、植保部门或者技术手册，提前掌握当前水稻生育期、当地水稻常发生的病虫害情况信息，提醒种植户提前关注水稻田间情况，以预防为主，综合防治的原则，尽量用农业、物理、生物方法来控制病虫草害，只有在其他技术不能满足田间防治需求时才选用化学农药	 网址：http://nynct.gxzf.gov.cn./gxzf/cn
2	进行水稻田间病虫害实地检查，发现有水稻稻飞虱和纹枯病，调查虫口密度、发病率和病情指数	 稻飞虱危害  水稻纹枯病

续表 5-3

操作步骤	操作说明	示意图
3	了解地块地形、面积大小及作业规划，了解地块周围的农作物或环境情况，如有需要通知地块邻近户主和居住附近的居民，并采取相应措施避免农药飘移引起邻近作物的药害、家畜中毒及对其他有益生物的危害	
4	施药前应查看天气情况，了解温度、湿度、雨露、光照、气流等气象因素。作业风速应尽量在 1～4 m/s，气温不超过 35 ℃，大雾、露水多或下雨天不能施药	
5	登录中国农药信息网，在农药登记数据里查询相应农药信息。根据田间病虫害情况选择 5%吡唑醚菌酯 UL(防治纹枯病)＋5%烯啶虫胺 UL(防治稻飞虱)进行防治；根据打药当天的天气条件可选择适当的助剂确保药效	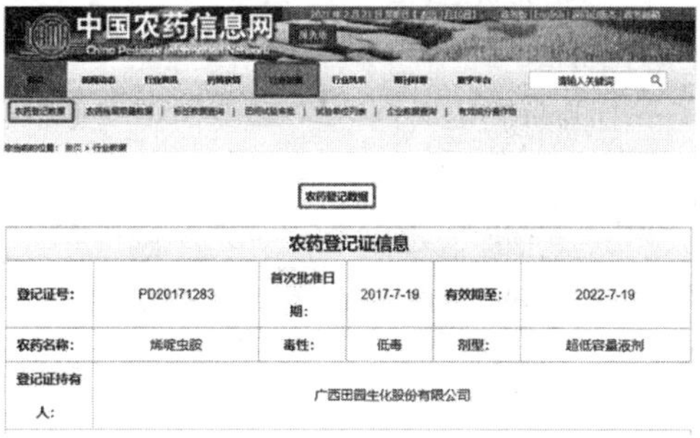 网址：http://www.chinapesticide.org.cn/fwb/index.jhtml
6	选择正规农药产品，坚持是否有农药三证；查看是否过期，查看用药量，根据病害严重情况计算实际作业面积所需的农药量，核算农药成本，进行农药采购	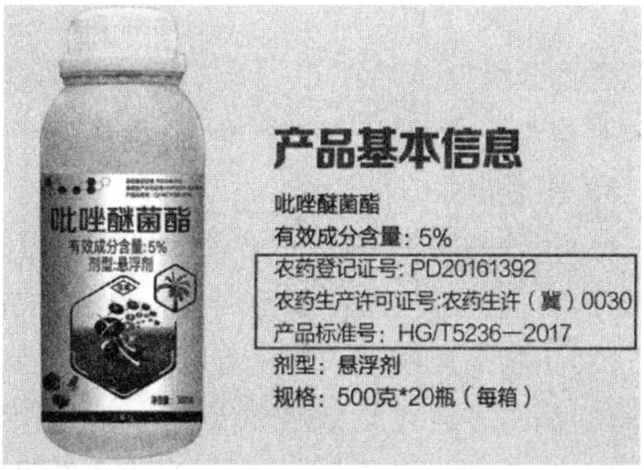

续表 5-3

操作步骤	操作说明	示意图
7	对接农药销售人员，确定农药的使用以及混配的注意事项，登记入库，并锁好门窗	

【任务考核】

1. 笔试考核(10 min)

个人在规定时间内完成 2 道问答题。

(1)常见的植物病原真菌有哪些？

(2)水稻常见病虫害有哪些？

2. 实操考核(20 min)

分小组在规定时间内完成识别图 5-1 中 4 种情况的病虫害：(4 选 1)，并写出操作流程。

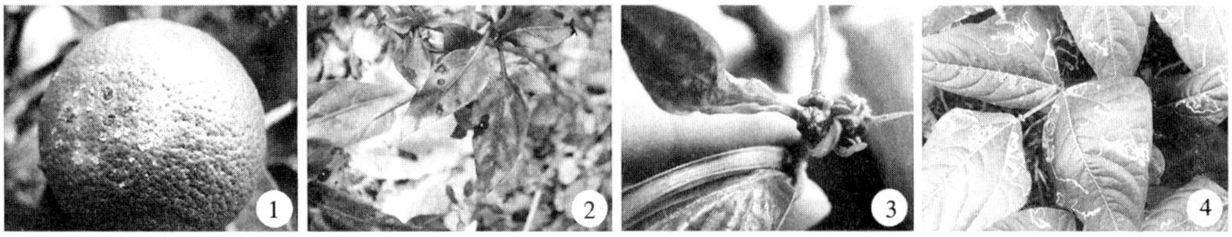

图 5-1 实操考核图

进行分组：3 人为 1 组，2 人进行实践操作，1 人进行记录。

考核要求：按照流程进行操作；正确完成操作；记录遇到的主要问题和解决方案。

3. 课后作业

(1)植物病害的病状、病症类型有哪些？

(2)农药标签应包括哪些内容？“农药三证”是指什么？

(3)植物病原物侵入寄主有哪些途径？真菌、细菌、病毒侵染途径有何不同？

(4)病虫害调查的原则是什么？

(5)飞防助剂有哪些类型，各有什么作用？

任务二　智慧农业无人机药液处理相关操作

【知识准备】

一、农药配置要求

为了保证植保无人机打药的效果，药物配置要求有：授药均匀、授药浓度适量和亩喷量适合。

(1)授药均匀度：植株授药均匀度的基本要求是不重喷、不漏喷、不过喷。影响因素主要包括喷洒系统、飞行速度、喷幅宽度和农药均匀度。

药箱加装防晃装置可保证飞行轨迹准确；水泵功率输出稳定可保证流量输出稳定；输药管道、漏斗保持通畅无阻，喷嘴无损坏符合自身标准。作业速度不超过 6 m/s，稳定在 5 m/s。执行自主模式作业时，提前设定好速度数值。需使用统一的喷头，全程使用固定的药杆长度，距离农作物的高度保持一致，作业结束后进行扫边喷洒。

(2)授药浓度：授药浓度的影响因素包括施药均匀度、配药比例和自然因素。

虽然药品的浓度一致，但是喷洒不均匀会导致整体浓度存在差异。应按照药品指导说明，按比例配制药液。混合配药时，提前确定好各药品比例，杜绝盲目配制。田间露水较多时不宜喷洒农药，露水稀释农药会导致药液浓度降低，影响药效。

在配药过程中，首先要计算用药量。认真阅读农药使用说明书，它标有农药名称、有效成分及含量、使用浓度、登记防治对象等。要有针对性地选择农药，标签上一般标有以亩为单位计算的用药量，配药人员需根据现场的施药面积和标签上推荐的使用剂量计算用药量，并根据当前使用的无人机药箱大小、喷洒速度来决定配药的总容量，配药的常用容器如图 5-2 所示。配药的过程采用二次稀释法。

(a)　(b)　(c)　(d)　(e)　(f)

图 5-2　配药的常用容器

(a)农药；(b)吸管；(c)量筒；(d)玻璃棒；(e)量杯(母液桶)；(f)无人机药箱(汇总桶)

(3)亩喷洒量:控制亩喷洒量就是根据农作物的病虫害现实情况,结合所用农药的药性和病虫害防治环境,科学合理地制定出每亩地的适宜药量,一般以 mL/亩为单位。随着植保飞防的发展和国家倡导高效植保的政策,亩喷洒量逐渐得到人们的重视。

植保无人机具有流量计,可以实现根据需要进行流量设置。流量选择的计算公式如下:

$$Y=\frac{a\times b\times c}{667}$$

式中,Y 是需要对流量计设置的参数;a 是目标亩作业量(L/亩);b 是植保无人机喷幅(m);c 是植保无人机的飞行速度(m/min);一亩地约等于 667 m^2。

二、作业速度

如生长中期的水稻或小麦,作业时飞行速度可设为 4～5 m/s;

生长中后期的玉米或高粱,飞行速度则需降为 3～4 m/s;

果树作业,飞行速度需更低,一般只能设定为 2～3 m/s,甚至更低。

总的来说,飞行速度的确定与飞机配备的喷雾系统的特性(喷头安装位置、雾滴粒径大小)、飞机本身的性能(机具质量、桨大小)、农作物的特性(病虫害的严重程度、作物疏密程度、抗风性能等)和自然环境(风、温湿度)有关,需要飞防人员根据具体情况具体分析。

三、作业高度

飞行高度指的是植保无人机离农作物冠层的高度。

植保无人机农药喷施作业高度一般保持在 1.5～3 m,实际作业中应根据飞行航线横向风力分速度、最大起飞质量、雾滴直径大小、喷雾液体的密度、农作物的生长期、农作物的固有特性等具体情况来设定。

四、航迹精度

航迹精度指的是植保无人机实际飞行的轨迹与预设飞行路线的偏差,及实际作业速度与预设作业速度的偏差。

大量的试验研究表明,植保无人机作业时水平偏航距不得大于 0.5 m,垂直偏航距不得大于 0.5 m,速度偏差不得大于 0.5 m/s,否则会造成重喷、漏喷,影响作业效果。

早期的植保无人机没有 GPS 导航,飞防施药操作靠手动模式进行,打药效果容易受到飞手技术水平、环境条件影响,漏打、重打现象时有发生。后来,随着 GPS 导航的应用,植保无人机有了“眼睛”,能够实现自主定位,然而 GPS 的定位无法支持精准定位,误差可达几米,效果不佳。随着技术的发展,RTK(载波相位差分技术)在植保无人机上的应用,大幅度提高了植保无人机的航迹精度和定位精度,解决了重喷、漏喷问题。

RTK 即指载波相位差分技术,它能够实时地提供测站点在指定坐标系中的三维定位结果,并达到厘米级精度。RTK 的推广、使用成为必然趋势。

洒，防止污染环境。

七、施药技术规范

操作人员必须经过施药技术培训，应熟悉机具、农药、农艺等相关知识。施药时应做到穿长袖上衣、长裤、鞋袜，戴口罩、手套、护目镜，带肥皂及工具零备件。严格按操作规程作业。

施药人员最好不要在无人知晓的情况下单独作业，特别是在喷洒高毒农药时，以免发生农药中毒时不能得到及时救治。

老、弱、病、童、皮肤损伤未愈者及妇女哺乳期、孕期、经期不得进行施药操作。

施药过程中禁止吸烟、喝水、吃东西，不能用手擦嘴、鼻及眼睛等。

植保无人机起飞时，药液开关处于关闭状态。到达喷雾起点后，打开药液开关，开始施药。严禁停留在一处喷洒，以防引起药害。禁止水泵长时间空载高速运转，以防止影响水泵使用寿命。

施药时飞行要保持匀速，不能忽快忽慢，防止重喷、漏喷。飞行路线根据风向而定，走向应与风向垂直或成不小于45°夹角，飞手需在上风向，严禁逆风喷洒农药。

在飞行作业时，需观察喷头喷洒情况，若出现堵塞或滴漏等异常情况，应立即停止喷洒作业。

施药中若遇喷头堵塞等故障，应立即关闭截止阀，先用清水冲洗喷头，然后戴乳胶手套进行故障排除，应用毛刷疏通喷孔，严禁用嘴吹、吸喷头和滤网。

施药人员每天施药时间不得超过6 h，如有头痛、头昏、恶心、呕吐等症状，应立即离开施药现场，严重者应及时送医院诊治。

智慧农业无人机药液处理主要包括两个部分：药物配置、喷洒系统检查。由于智慧农业无人机的药液是有毒性的，因此在操作过程中对药液的处理要非常小心。

【任务实施】

植保无人机配药操作步骤如表5-5所示。

表5-5 植保无人机配药操作（以30亩水稻稻瘟病、稻曲病的防治为例）

操作步骤	操作说明	示意图
1	确定作业的各项参数： (1)面积：30亩 (2)药剂：30%肟菌·戊唑醇悬浮剂 (3)亩用药水量：1.5 L (4)亩用药量：40 mL药剂＋15 mL助剂 (5)作业参数：4喷头、流速1.54 L/min、作业高度2 m、喷幅4 m。 (6)药箱容量：17 L	

续表 5-5

操作步骤	操作说明	示意图
2	计算得出： (1)30 亩需要农药 1 200 mL＋450 mL 助剂 (2)30 亩需要 45 L 药水，即用 17 L 容量的药箱喷洒三次，前两次药箱装满，最后一次药箱装 11 L 药水 (3)装满 17 L 药水的药箱需要配的农药量为：453.3 mL＋170 mL 助剂 (4)装有 11 000 mL 药水的药箱需要配的农药量为：293.3 mL＋110 mL 助剂	
3	配药之前穿长袖上衣、长裤、鞋袜，戴口罩、手套、护目镜，带肥皂及工具零备件	
4	采用二次稀释法配制农药： (1)用量筒量取 453.3 mL 农药和 170 mL 助剂 (2)在量杯(母液桶)中加入 3 L 的水 (3)将 453.3 mL 农药和 170 mL 助剂分别倒入母液桶中并用玻璃棒搅拌均匀	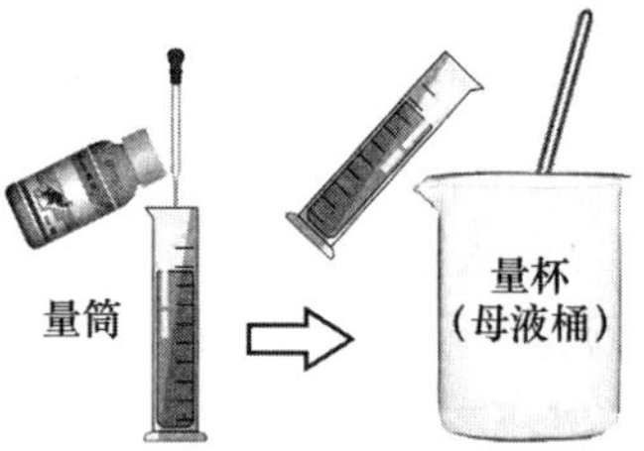
5	(1)在药箱(汇总桶)中加入 10 L 左右的水 (2)将量杯(母液桶)中的药剂倒入汇总桶中，并用搅拌棒搅拌均匀	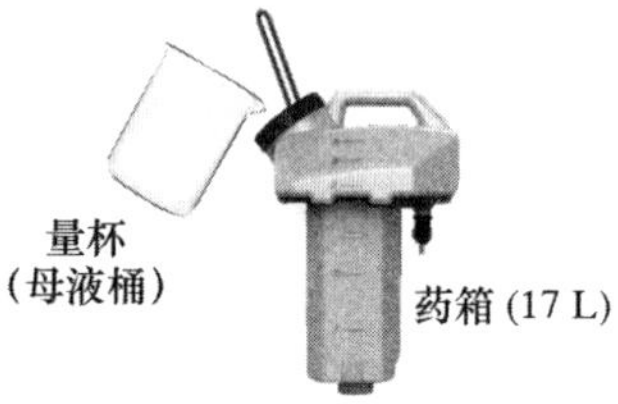
6	(1)用清水冲洗量杯(母液桶)和量筒 2～3 遍 (2)将冲洗的药液倒入药箱(汇总桶)中	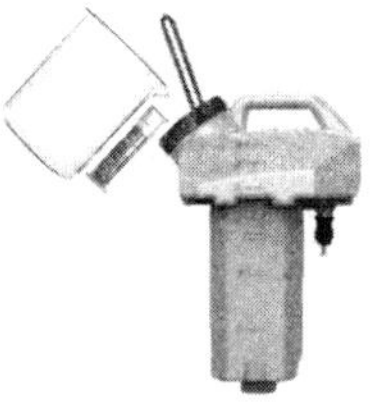

续表 5-5

操作步骤	操作说明	示意图
7	(1)用清水将药箱(汇总桶)装满至 17 L (2)搅拌均匀,配药完成 (3)最后配制 11 L 药水的步骤与前两桶 17 L 药水相同	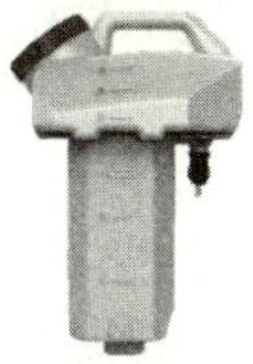
8	(1)将配好药的药箱擦拭干净,装到无人机上 (2)进行空气排除 (3)检查药箱、药管、水泵、喷头有无漏液现象 (4)然后进行作业	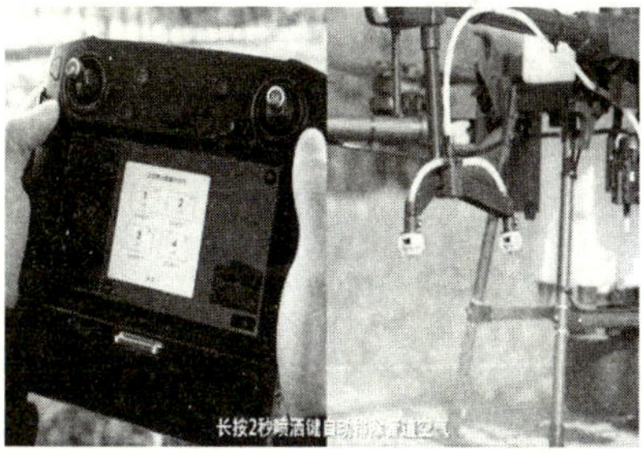
9	(1)在作业过程中禁止吸烟、喝水、吃东西,不能用粘有农药的手擦口鼻、脸以及眼睛 (2)在施药时,人员应站在上风,严禁逆风喷洒农药 (3)在施药中若遇喷头堵塞等故障,应立即停止喷药,先用清水冲洗喷头,然后戴乳胶手套进行故障排除,应用毛刷疏通喷孔,严禁用嘴吹、吸喷头和滤网	
10	(1)药液喷施完成后按照上述步骤配制药剂加药,直至喷洒完 30 亩水稻田 (2)施药人员每天施药时间不得超过 6 h,如有头痛、头昏、恶心、呕吐等症状,应立即离开施药现场,严重者应及时送医院诊治	

【任务考核】

1. 笔试考核(10 min)

个人在规定时间内完成 2 道问答题。

(1)简述农药二次稀释法的步骤。

(2)植保无人机的喷洒系统有哪些?

2. 实操考核(20 min)

分小组在规定时间内完成50亩水稻稻飞虱和纹枯病的配药工作(各项参数参照上文任务实施中的30亩水稻配药),并写出操作流程。

进行分组:3人为1组,2人进行实践操作,1人进行记录。

考核要求:按照流程进行操作;正确完成操作;记录遇到的主要问题和解决方案。

3. 课后作业

(1)常用农药施用方法有哪些?

(2)如何做到合理安全使用农药? 农药残留对人类会造成哪些危害?

(3)植保无人机配药时要注意的关键点是什么?

(4)植保无人机施药流程有哪些?

(5)如何确保植保无人机飞行时的航迹精度?

任务三　智慧农业无人机废液处理及药箱整体维护操作

【知识准备】

一、喷洒系统

植保无人机的核心在于植保,喷洒系统是植保得以实现的基础,同时也是提高作业效率的重要保证。植保无人机的喷洒系统主要包含药箱、水泵、喷头、药管和过滤网五部分。

(一)药箱

药箱的主要结构包括灌药口、箱体、出药口、传输管路;其主要功能是装载农药,因此它的材料是耐腐蚀和耐酸碱的,从而能够保证箱体长期不被破坏。常规的药箱形状是圆形或者四方形,为了减少飞行过程中药液振荡幅度过大,人们把药箱的形状设置成"7"字形等;目前大部分的药箱为智能的可装卸药箱,配备有流量计、液位计等,以便确认药箱的实际流量和药液量。药箱如图5-5所示。

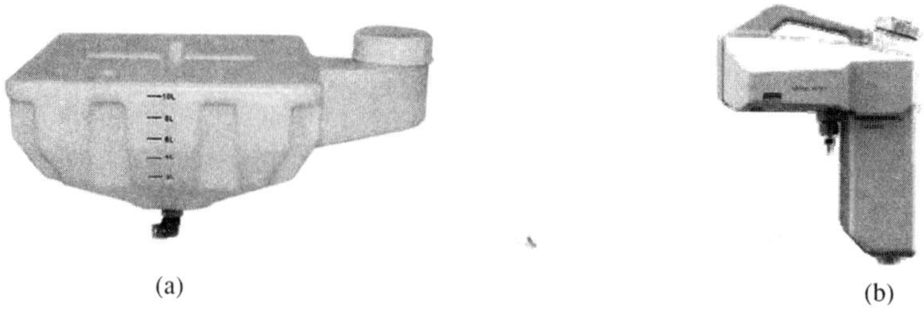

(a)　　(b)

图5-5　药箱

(a)四方形药箱;(b)7字形药箱

（二）水泵

水泵是植保无人机喷洒系统的动力来源，目前主流的水泵类型是电动隔膜自吸压力泵，其主要由直流电机与泵头组成。

其工作原理是直流电机通过轴端的偏心轮带动泵头内贴有隔膜的中间块做直线往复运动，中间块的运动造成工作腔内容积的改变，迫使单向阀交替开启和关闭，从而将液体不断吸入和排出。根据直流电机类型可以将电动隔膜泵分为有刷电机驱动型与无刷电机驱动型。

无刷电机驱动型电动隔膜泵相对而言外形尺寸小，质量轻，但是需要单独的无刷电机驱动器才能使电机驱动液泵工作，改变电机转速可以改变泵头吸液和排液频率，从而改变喷洒流量。水泵如图 5-6 所示。

(a) (b)

图 5-6 水泵

(a)无刷电机水泵；(b)有刷电机水泵

（三）喷头

喷头按输出方式可分为压力喷头和离心喷头。压力喷头结构简单、价格较低、易于保养维修、液滴穿透力强，由于压力喷头的流量随压力变化的范围比较小，根据无人机的速度控制流量的效果就不明显。离心式喷头结构复杂、价格较高，液体以四周运动为主，缺少下压力，可以根据无人机的速度调节流量，但离心式喷头由于高速旋转，农药雾滴比较细，容易发生飘移和蒸发。具体选择什么喷洒系统还需要根据用户的实际情况和所使用的农药特性。目前植保无人机使用比较普遍的是压力喷头，因为压力喷头易于保养，适应植保作业环境，且药液穿透力强，有助于增强药效。喷头如图 5-7 所示。

(a) (b)

图 5-7 喷头

(a)压力喷头；(b)离心喷头

（四）药管

药管的作用是将药箱、水泵、喷头连接起来，构成植保无人机喷洒系统。药管最好是透明材料的，耐腐蚀。一般植保无人机选择透明的PVC材质药管比较普遍，管内直径控制在7.5～12 mm。

（五）过滤网

在植保无人机的喷洒系统中，通常有三处过滤器，即进药口过滤器、管道过滤器和喷头过滤器。过滤器的精度以"目数"来描述，目数等于每平方英寸面积内的网孔数量。目数越高表示过滤器的精度越高。

进药口过滤器放置在药箱进液口位置，是对进入药箱药液进行过滤的第一道装置。

管道过滤器一般安装在药箱出液口与液泵进液口之间，对进入液泵的药液进行进一步过滤。

喷头过滤器精度大于管道过滤器精度，也大于进药口过滤器精度。当使用小喷孔喷头时，应该选用过滤精度高的过滤器，以防止喷头堵塞，影响作业效果。

二、废弃物品的处理

（一）废弃包装袋处理

按照相关规定，处理废弃包装袋，含药剂包装袋、饮用水塑料瓶等，不得随意扔在田间地头。

使用后的农药包装容器应在彻底清洗干净后，收集起来、安全存放，或集中进行无害化处理，不得随意丢弃。

（二）剩余药液处理

应将剩余农药带回或按照国家相关规定处理。

应把泄漏的药液和清洗药箱等废液收集到收集箱，并设置一个专用的排污设备来处理剩余的药液和清洗后的废液。

三、喷洒系统的维护

(1)药箱腐蚀、积垢。需要每次作业结束后及时清洗，不要留着过夜。

(2)水泵内部进入杂质，寿命短、压力小。我们需要保证水泵进液口配有过滤网，禁止水泵长时间空载高速运转。

(3)喷头堵塞，需要及时清理喷头和滤网。

(4)药管破损、漏液，需要及时清理喷头和滤网，更换药管。

四、喷洒系统的保养

(1)每天作业完毕应往药箱灌入清水，开启水泵，以冲洗整个喷雾系统。

(2)不同使用类型的药剂，一定要注意避免药箱混用。例如，用打过除草剂的药箱来打杀虫剂，很有可能对当前作物造成药害。如果确实需使用用过除草剂的药箱来进行其他作业，应将药箱底部积垢彻底清除干净并在药箱中倒入清水反复冲洗。

(3)避免使用粉剂及高浓度乳油,以免滤网及喷头堵塞。

(4)长期使用但未清洗的喷头滤网的杂质会导致喷头堵塞,因此每天需要对滤网进行清理,清除农药残留。定时将喷头及滤网放入水中进行浸泡,以使喷头及滤网在良好状态下工作。

【任务实施】

有始有终是做好事情的前提,半途而废终将一事无成,无人机施药收尾工作更加重要,如果漏掉这一环节,将会导致环境破坏,危害子孙后代的发展。因此,在收尾工作中,一定要重视废液的处理和药箱的整体维护。废液处理及喷洒系统的维护与保养具体操作如表 5-6 所示。

表 5-6 废液处理及喷洒系统的维护与保养

操作步骤	操作说明	示意图
1	飞行作业结束后,将药箱取出,把药箱内剩余的药品倒入专门的废药桶中,空药瓶、药袋装入专门的垃圾桶中,带回总部集中进行无害化处理	
2	回到总部后,检查药箱、水泵、药管、喷头是否漏液或损坏,检查完后清洗干净药箱,用湿毛巾擦拭水泵、药管、喷头等部位	
3	用清水冲洗电动机外部,切不可用尖锐物品接触电动机内部铜线;水泵、喷头以及支臂和外露线路表面也需要用清水进行冲洗	
4	用清水冲洗螺旋桨表面,并检查桨是否有裂纹和断折迹象	

续表 5-6

操作步骤	操作说明	示意图
5	擦拭锂电池表面，检查是否有被尖锐物体刺穿的现象；当未来三天不使用时，需将锂电池从植保无人机上取下，电压需要保持在 3.8 V 左右，放置在阴凉通风处保存；当长久不使用时，每月需要检查一次锂电池电压，如果电压低于 3.8 V 过多需要进行补电。	

【任务考核】

1. 笔试考核(10 min)

个人在规定时间内完成 2 道问答题。

(1)简述植保无人机作业后的废弃物处理方法。

(2)每天植保无人机作业完毕后应完成的工作有哪些？

2. 实操考核(20 min)

分小组在规定时间内完成防护用品的穿戴，模拟配药、施药、废液处理及维护保养，并进行相应记录。

(1)准备器材：胶手套、口罩、护目镜、防护服、模拟药剂、量杯、适量清水、无纺布、药箱、废液箱、植保无人机等。

(2)进行分组：3 人为 1 组，2 人进行实践操作，1 人进行记录。

(3)考核要求：按流程进行操作；正确完成操作；记录遇到的主要问题和解决方法。

3. 课后作业

(1)植保无人机水泵的类型有哪些？

(2)植保无人机喷头有几种？各自有什么特点？

(3)喷洒系统如何维护保养？

(4)哪些药剂类型容易堵塞喷头？

(5)植保无人机喷药后处理废液的流程是什么？

课后复习思考题

1. 除草剂可以分为________除草剂和________除草剂。除草剂的选择性主要由植株________不同造成的接收除草剂________的差异，吸收和________除草剂的差异，对除草剂的______和途径的差异，靶标蛋白对除草剂________的差异，以及耐受除草剂______的差异。即常讲的形态、生理和生化选择。

2. 胃毒剂：只有被昆虫________后经________吸收进入体内，到达靶标才可起到毒杀作用的药剂。这类药剂的药效发挥取决于用药后是否易于被昆虫________，所以合理巧妙地和昆虫食料结合起来便显得至关重要，如________等。

3. 治疗性杀菌剂：在植物________以后，可以________或抑制病菌，使病株不再受害或恢复健康的药剂，如多菌灵、稻掺净、甲霜灵、霜霉威、______、春雷霉素等。

4. 请列出超低容量剂型和乳油的比较。

性能指标	超低容量剂(UL)	乳油(EC)
制剂用量/(L/hm^2)		
兑水稀释		
雾滴粒径/μm		
雾滴分布		
黏附与沉积性		
喷雾机具		
挥发性和飘移性		
有害溶剂		
稀释稳定性测定		

5. 施药液量是指喷施到__________上的液量，国际上用“L/hm^2（升/公顷）”表示，我国常用“每________施药量”表示。根据单位面积施药液量的多少分为______容量(HV)、中容量(MV)、低容量(LV)、很______容量(VLV)和超低容量______五个等级。

6. 大量的试验研究表明，植保无人机作业时水平偏航距不得大于________m，垂直偏航距不得大于0.5 m，速度偏差不得大于________m/s，否则会造成重喷、漏喷，影响作业效果。

7. ______是指风速矢量或其分量沿垂直方向或某一水平方向的变化。主要表现为突然逆风，突然受到向下的风或者________顺风。

8. 操作人员必须经过施药技术______，应熟悉机具、农药、农艺等相关知识。施药时应做到穿长袖衣服、长裤、鞋袜，戴口罩、手套、护目镜，带肥皂及工具零备件。严格按________作业。

9. 避免使用______及高浓度______，以免滤网及喷头堵塞。

10. 使用后的农药包装容器应在彻底清洗干净后，收集起来、安全________，或集中进行无害化处理，不得随意______。

项目六
智慧农业无人机的飞行操作

【项目引入】

2022年中央一号文件《中共中央 国务院关于做好2022年全面推进乡村振兴重点工作的意见》，是21世纪以来第19个指导"三农"工作的中央一号文件。文件指出，牢牢守住保障国家粮食安全和不发生规模性返贫两条底线，突出年度性任务、针对性举措、实效性导向，充分发挥农村基层党组织领导作用，扎实有序做好乡村发展、乡村建设、乡村治理重点工作，推动乡村振兴取得新进展、农业农村现代化迈出新步伐。

文件强调，在全力抓好粮食生产和重要农产品供给方面，要稳定全年粮食播种面积和产量。坚持中国人的饭碗任何时候都要牢牢端在自己手中，饭碗主要装中国粮，确保粮食播种面积稳定。在强化现代农业基础支撑方面，要提升农机装备研发应用水平。全面梳理短板弱项，加强农机装备工程化协同攻关，加快大马力机械、丘陵山区和设施园艺小型机械、高端智能机械研发制造并纳入国家重点研发计划予以长期稳定支持。

假如你是一名智能农业科技有限公司的飞防作业人员，本月公司有三个无人机飞防项目需要完成，分别是A农户自家经营的10亩水稻田，B公司承包的400亩规则平坦甘蔗地，C农户承包的100亩甘蔗地，地形不规则，地块中间有电线杆等障碍物。在振兴乡村大背景下，植保无人机飞防作业如何保障粮食安全和提高农民收入，需要农业从业人员从安全性、经济性去选择合理性作业方式。

请你通过本项目的学习，对以上三个项目选择合理的无人机飞行模式进行操作作业。

任务一　智慧农业无人机手动作业模式操作
（以大疆 T20 植保无人机为例）

【知识准备】

一、飞行与操作

物体在空间具有六个自由度，如图 6-1 所示，即沿 x、y、z 三个直角坐标轴方向的移动自由度（位置）和绕这三个坐标轴的转动自由度（姿态）。改变这六个自由度的数值就叫运动。脱离地面，在三维空间改变这六个自由度数值就叫飞行。在大气层中的飞行叫航空，在宇宙空间的飞行叫航天。

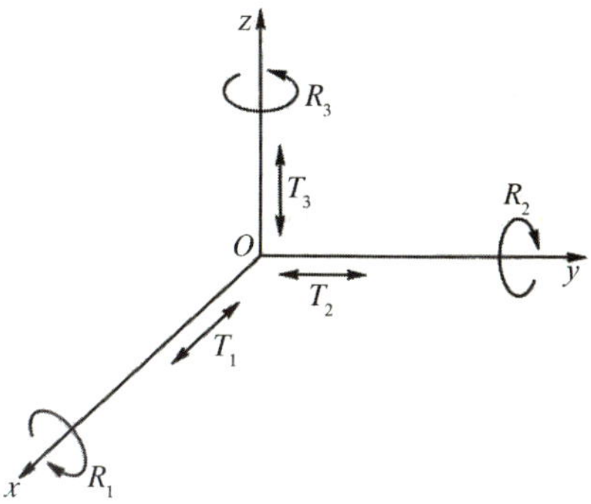

图 6-1　六个自由度

多旋翼无人机的飞行，也就是如何改变多旋翼无人机的姿态三个数值和位置三个数值。一切飞行都是改变六个自由度。多旋翼无人机不能分别独立改变六个自由度，多旋翼无人机姿态滚转变化时必然会引起位置左右移动，多旋翼无人机姿态俯仰变化时必然会引起位置前后移动，所以多旋翼无人机无论是自驾仪飞，还是人飞，最终只剩下四个操作量。

（1）操纵滚转量引起——左右移动；

（2）操纵俯仰量引起——前后移动；

（3）操纵油门量引起——上下移动；

（4）操纵偏航量引起——原地转动。

多旋翼无人机的四个操作量如图 6-2 所示。

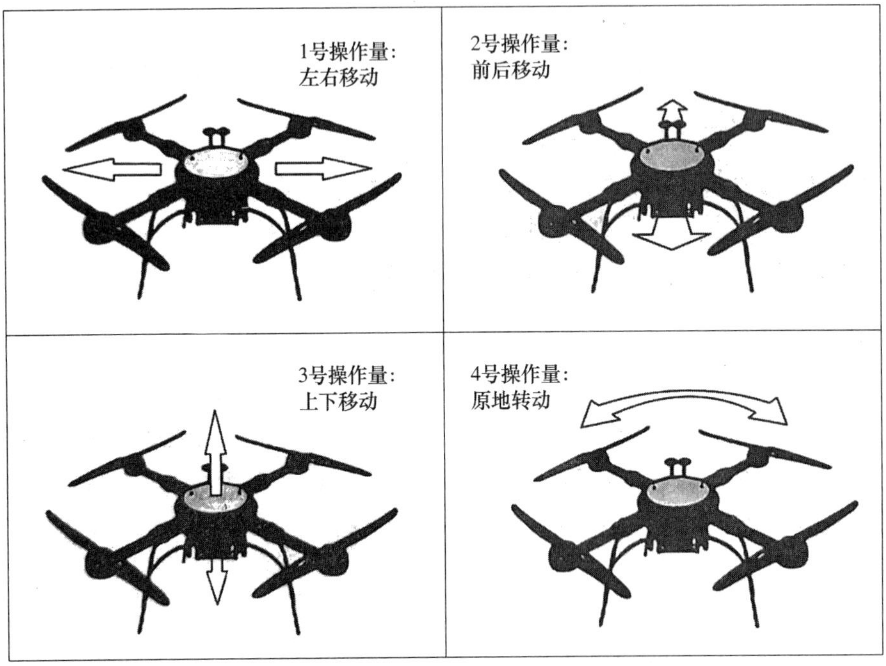

图 6-2　多旋翼无人机的四个操作量

二、美国手操作方式与日本手操作方式

美国手操作方式:左手拇指控制飞机升降和左右操作,右手拇指控制飞机前进、后退和左右平移操作,如图 6-3 所示。

日本手操作方式:左手拇指控制前进、后退和左右转操作,右手拇指控制飞机升降和左右平移,如图 6-4 所示。

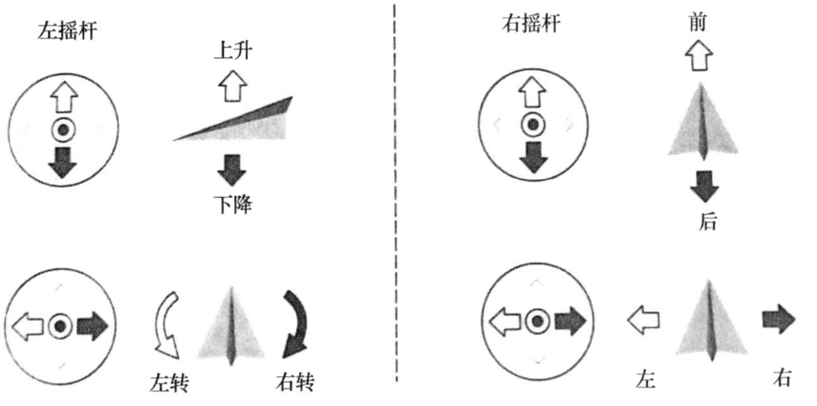

图 6-3　美国手操作方式

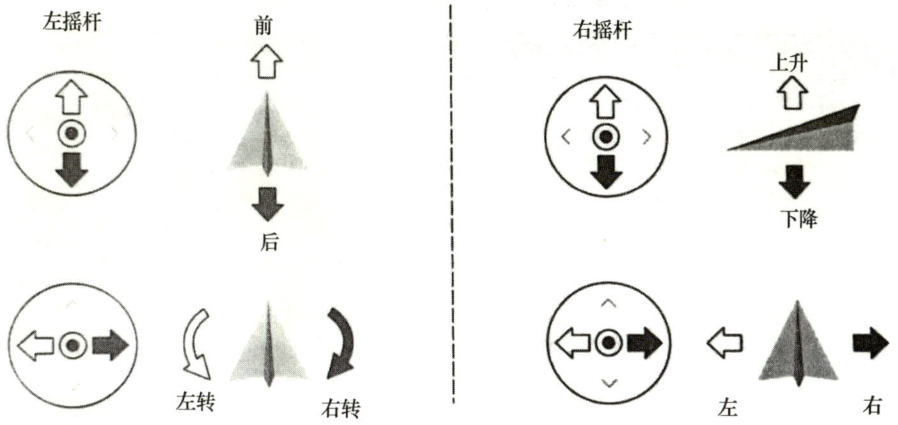

图 6-4　日本手操作方式

美国手操作方式与日本手操作方式有明显的区别：美国手操作方式跟载人飞机的操作方式相似，即载人飞机的驾驶员是用左手操作油门，用右手操作驾驶杆控制升降舵和副翼，以控制飞机的飞行姿态。对于大多数人来说右手比较灵活，在操作多旋翼时右手更方便，如果使用者左手灵活或者用左手操作固定翼、航模，则使用日本手操作方式方便。

三、植保无人机的手动作业模式

手动作业模式是单纯依靠无人机操作人员进行飞防的作业方式，所有操作都由无人机操作人员来完成，智能化程度较低。手动作业模式可以迅速作业，在作业之前无须其他额外操作，准备时间短；地形适应能力强，在操作人员拥有良好操作技能的前提下，能够应对各种复杂地形，但手动作业模式的植保效果不佳，操作人员作业强度高，工作时间长；难以避免重喷、漏喷，对药物较为敏感的农作物作业，重喷有可能产生药害。手动作业模式必须要有助手进行相应的观察以及报点，操作人员难以一人完成作业，也无法保障作业质量。随着植保无人机的智能化程度提高，使用手动作业的频率也逐步降低，操作人员的工作舒适度也会相应提升。但是在广阔的丘陵地区以及小块耕地范围内，手动作业模式依然会发挥它独特的作用。

【任务实施】

使用大疆 T20 植保无人机需要在小地块或作业环境比较复杂的场景进行植保作业时，可以使用手动作业模式完成任务，操作步骤如表 6-1 所示。

表 6-1　大疆 T20 植保无人机手动作业模式操作步骤

序号	操作说明	示意图
1	将飞机放置在作业区域附近，操作者面朝机尾	
2	药箱中加满液体，拧紧盖子，确保盖子上四个凸起分别位于水平或垂直位置	 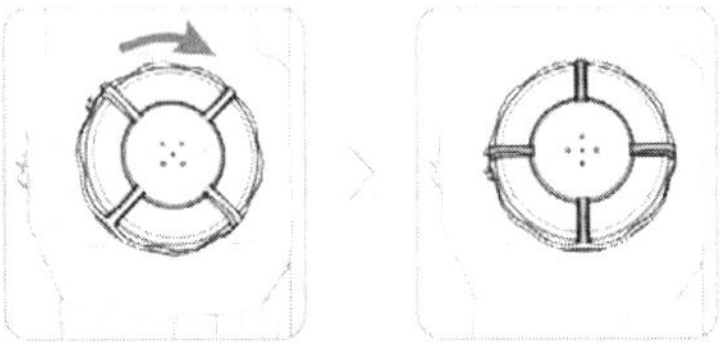
3	开启遥控器，确保遥控器上大疆农业 App 能正常运行，然后开启飞行器	 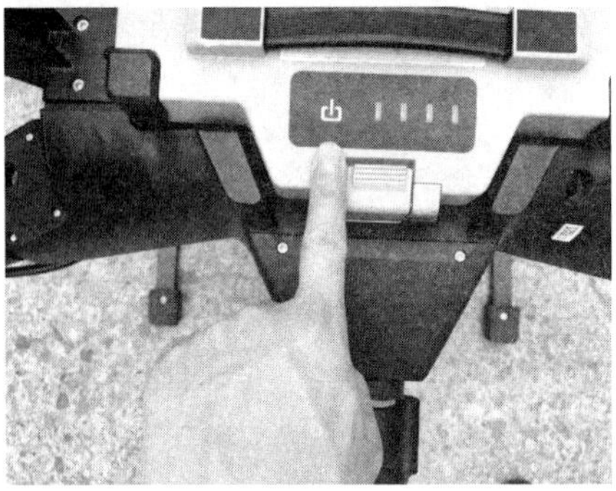

续表 6-1

序号	操作说明	示意图
4	在 App 界面中点击“执行作业”	
5	长按 2 s 喷洒键自动排除管道空气	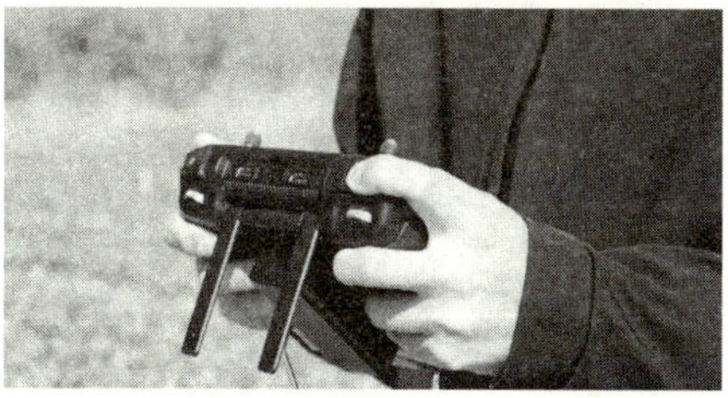
6	检查各部件是否固定完好	
7	内八掰杆解锁起飞	
8	操作植保无人机飞至地块边界	

续表 6-1

序号	操作说明	示意图
9	手动调整飞行高度，开始作业	 
10	开启喷洒，手动控制植保无人机向前飞行，并维持飞行速度	 
11	当植保无人机飞至地块边界后，关闭喷洒功能	 

续表 6-1

序号	操作说明	示意图
12	控制植保无人机横移，同时操作者跟着移动，移动到位后，重新开启喷洒，手动控制植保无人机向后飞行，并维持飞行速度	
13	重复往返操作过程，即可完成手动喷洒作业	
14	喷洒完成，将飞行器操控到指定降落位置，着地之后，将油门杆拉到最低位置并保持，3 s 后电机停止	

【任务考核】

1. 笔试考核(10 min)

植保无人机的手动作业模式有哪些优缺点？

2. 实操考核(30 min)

个人在规定时间内，在外场飞行场地用手动作业模式完成对某片区域的植保作业。

(1)准备器材：T20 植保无人机、遥控器、地面站、步话机等飞行所需设备。

(2)进行分组：5 人为 1 组，6 min 1 人，依次进行实践操作。

(3)考核要求：听指挥，有序进行操作感受，安全顺利完成操作。

3. 课后作业

以小组为单位，讨论本次实操考核中手动飞行的操作要点，总结本小组的操作经验，以流程图的形式将操作步骤清晰明了地列出来。

任务二　智慧农业无人机 AB 点作业模式操作
（以大疆 T20 植保无人机为例）

【知识准备】

AB 点作业模式简单方便，以两点间形成直线的方式快速生成作业航线，具有操作人员工作强度低、喷洒较为均匀的特点，这种作业模式的产生解决了操作人员劳动强度高的难题。AB 点作业模式只适合规整地块，对于不规则地块难以进行作业。由于其航线生成原理的限制，其航线只能是长方形或正方形，无法根据耕地实际情况做调整，所以只能在规整地块进行作业。AB 点作业典型应用包括新疆的棉花及玉米作业、黑龙江的水稻作业等。

大疆 T20 植保无人机在 AB 点作业模式下，植保机可按照指定的 A、B 两点组成的线段路线飞行并喷洒农药，借助植保机内置的功能，AB 点作业模式具备作业恢复和数据保护功能，通过雷达模块可以实现定高、避障和自动绕障等功能。操作者可以通过 App 界面实时调节相关作业参数，如喷洒用量、流速、飞行速度、作业行距、相对作物高度。AB 点作业模式适合在有规则矩形地块或近似梯形、三角形等不规则的大面积地块区域进行自动化快速作业。

【任务实施】

大疆 T20 植保无人机 AB 点作业模式操作步骤如表 6-2 所示。

表 6-2　大疆 T20 植保无人机 AB 点作业模式操作步骤

操作步骤	操作说明	示意图
1	将飞机放置在作业区域附近，操作者面朝机尾	

续表 6-2

操作步骤	操作说明	示意图
2	在药箱中加满液体，拧紧盖子，确保盖子上四个凸起分别位于水平或垂直位置	 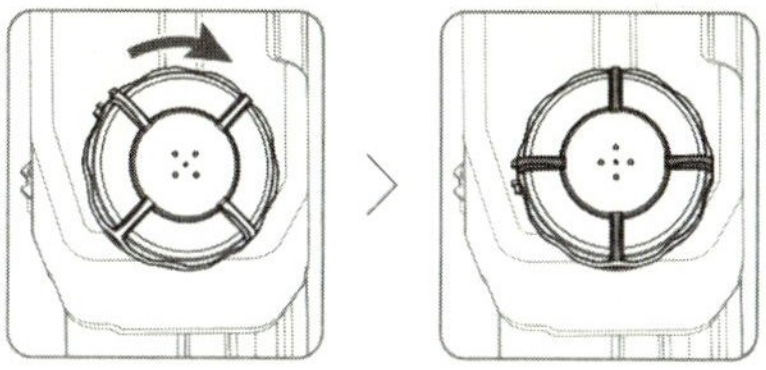
3	开启遥控器，确保遥控器上大疆农业 App 能正常运行，然后开启飞行器	 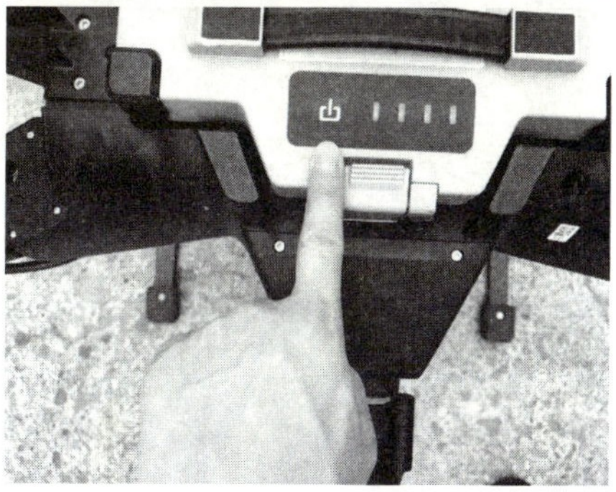
4	在 App 界面中点击“执行作业”	

续表 6-2

操作步骤	操作说明	示意图
5	长按 2 s 喷洒键自动排除管道空气	
6	检查各部件是否固定完好	
7	内八掰杆解锁起飞	 
8	点击 App 界面左栏中“M”，然后点击“AB”选项	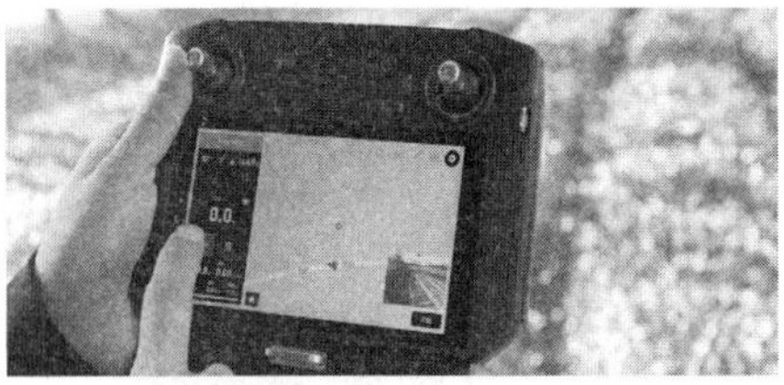 

续表 6-2

操作步骤	操作说明	示意图
9	手动操作植保无人机飞行至作业区域边角 A，App 界面右侧，点击“设置 A 点”，即可记录 A 点	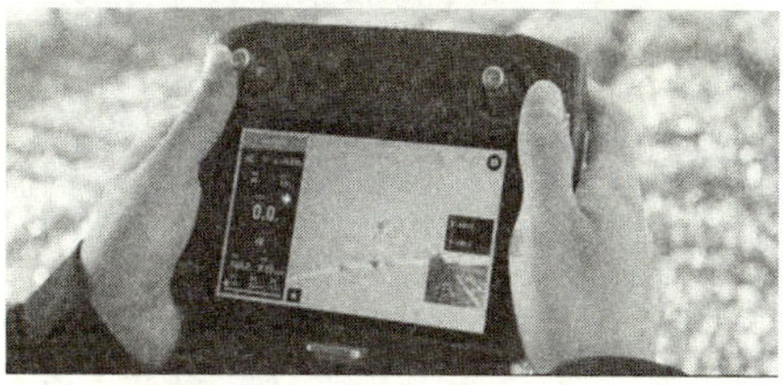
10	点击 App 界面右下角“调整 A 角度”选项，然后点击 FPV 摄像头画面，使画面最大化。 在飞机悬停状态下，操作摇杆，改变机头朝向，利用 FPV 摄像头画面中机头辅助线观察，直至机头辅助线朝向与作业区域边缘重合，停止操作摇杆，点击界面右下角“确定”选项，完成飞行作业区域 A 点边缘信息记录	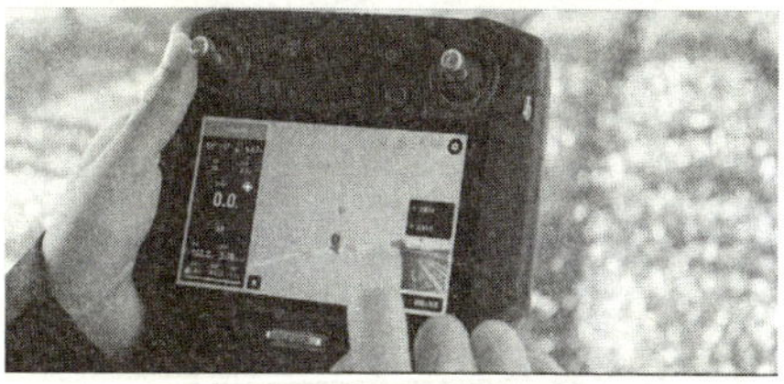 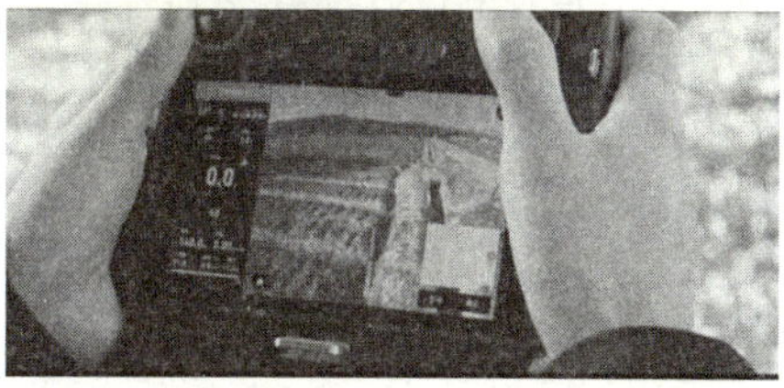
11	手动操作植保无人机飞行至作业区域边线另一端，到位后，飞机悬停上空，点击 App 界面上右边“设置 B 点”选项，即完成 B 点记录设置	 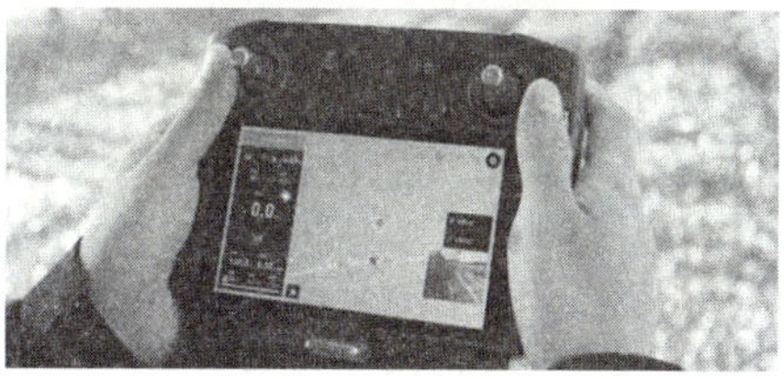

续表 6-2

操作步骤	操作说明	示意图
12	保持飞机悬停于 B 点上空，在 App 界面右下角，点击“调整 B 角度”选项，然后点击 FPV 摄像头画面，使画面最大化。 在飞机悬停状态下，操作摇杆，改变机头朝向，利用 FPV 摄像头画面中机头辅助线观察，直至机头辅助线朝向与作业区域边缘重合，停止操作摇杆，点击界面右下角“确定”选项，完成飞行作业区域 B 点边缘信息记录	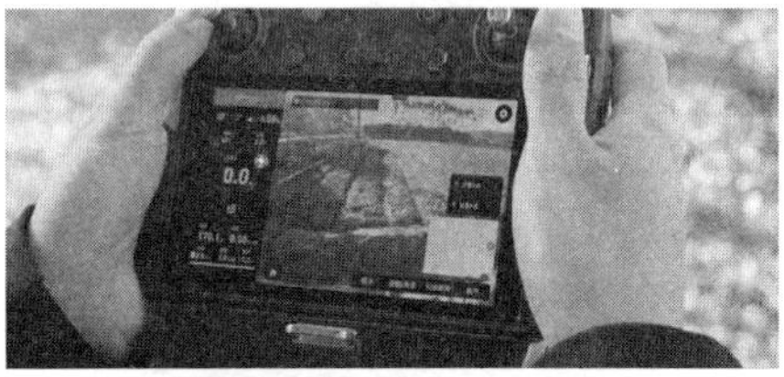 
13	B 点设置完成后，App 界面自动生成 AB 模式航线，点击右下角画面切换显示，如航线显示较小，双指触碰画面做扩大触摸动作，可将航线放大。 点击画面右下角“执行”选项	 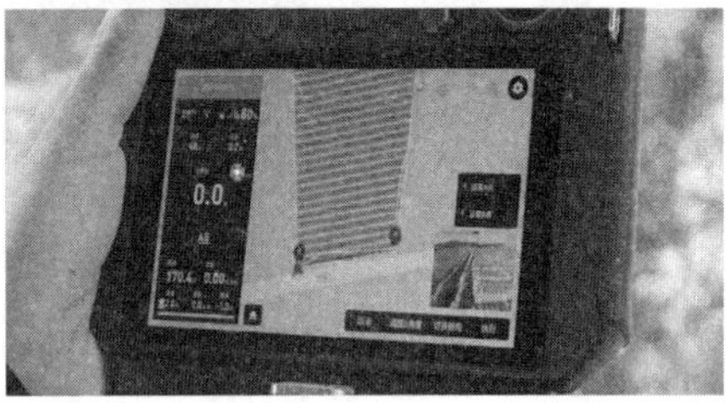
14	在 App 左侧画面中，可以进行作业相关参数设置，本任务中，喷洒用量设置为 1.4，流速设置为 2.00，飞行速度设置为 4，作业行距设置为 4.5，相对作物高度设置为 2，设置完成后，点击打开下方“协调转弯”功能，点击右下角“开始作业”选项	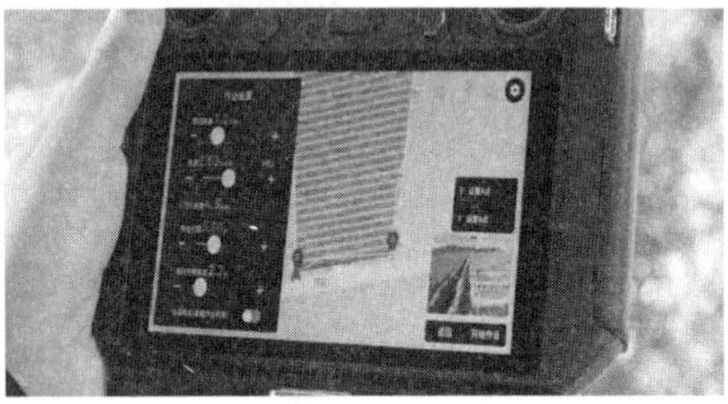

续表 6-2

操作步骤	操作说明	示意图
15	在 App 弹出界面中，检查确认无误后，触摸并向右滑动“自动执行滑块”，此时植保机开始执行 AB 点模式自动作业	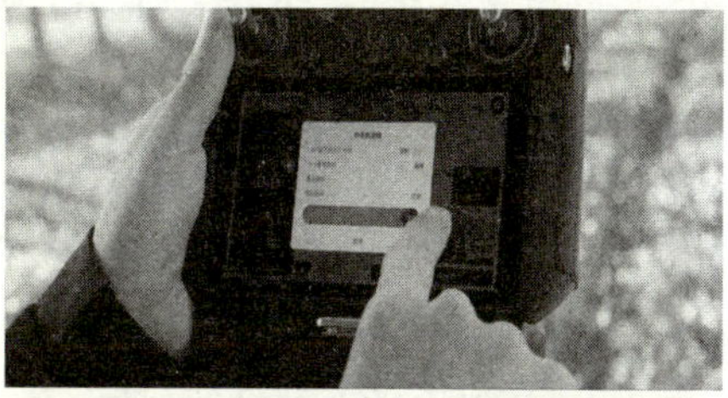 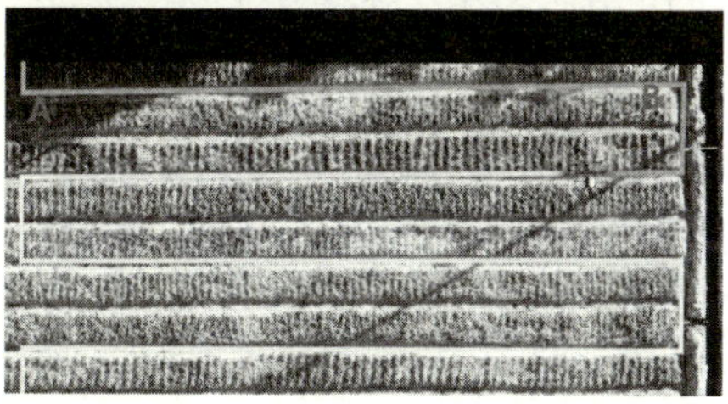
16	作业完成，在 App 界面中点击右下角“暂停”按键或“结束”按键，(注意:点击“结束”按键将直接结束作业，不会记录中断坐标点，也不可继续作业)植保无人机将退出作业模式，并悬停于空中，自动切换为“手动模式”，此时，将飞行器操控到指定降落位置，着地之后，将油门杆拉到最低位置并保持，3 s 后电机停止	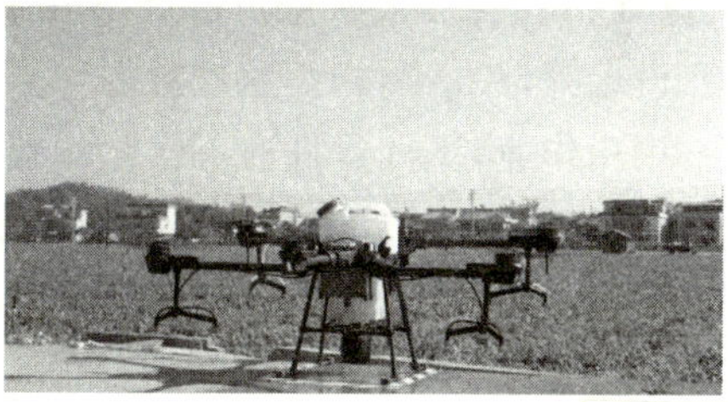

【任务考核】

1. 笔试考核(10 min)

植保无人机的 AB 点作业模式有哪些优缺点?

2. 实操考核(30 min)

个人在规定时间内，在外场飞行场地用 AB 点作业模式完成对某片区域的植保作业。

(1)准备器材:T20 植保无人机、遥控器、地面站、步话机等飞行所需设备。

(2)进行分组:5 人为 1 组，6 min 1 人，依次进行实践操作。

(3)考核要求:听指挥，有序进行操作感受，安全顺利完成操作。

3. 课后作业

以小组为单位，讨论本次实操考核 AB 点作业飞行的操作要点，总结本小组的操作经验，以流程图的形式将操作步骤清晰明了地列出来。

任务三　智慧农业无人机航线规划作业模式操作
（以大疆 T20 植保无人机为例）

【知识准备】

航线规划作业模式是通过对作业区域进行整体测绘，使植保无人机在规划区域进行自动作业，因此它能够适应绝大多数地形并全程自主作业，进一步降低了操作人员的工作强度，实现了全自主作业，该模式适用于中大型地块。相对于其他作业模式，航线规划模式在作业前需要对地形进行完整测量并规划才能够进行作业，所以需要的准备时间更长。航线规划作业模式在工作时，需要提前观察障碍物并进行规划，规避作业区域内的障碍物，以避免植保无人机撞上障碍物造成损坏；作业前需明确标定点，必须从标定点起飞并执行纠正偏移操作，保证航线安全。

大疆 T20 植保无人机用户通过 App 的智能规划作业系统进行农田测量、障碍物测量、航点设置等，App 将根据这些数据计算并生成最佳航线，实现作业的智能规划。规划完成后，调用作业，飞行器将进入航线作业模式按照航线自动执行作业。飞行器具备作业恢复的功能，并且可以使用雷达模块进行定高、避障及自动绕障。用户可在 App 界面实时调节喷洒用量、飞行速度等，该模式适合在大面积区域进行作业。

【任务实施】

大疆 T20 植保无人机航线规划作业模式操作步骤如表 6-3 所示。

表 6-3　大疆 T20 植保无人机航线规划作业模式操作步骤

序号	操作说明	示意图
1	开启遥控器，确保遥控器上大疆农业 App 能正常运行，然后开启飞行器。在 App 界面中点击“规划地块”，选择“飞行规划”	 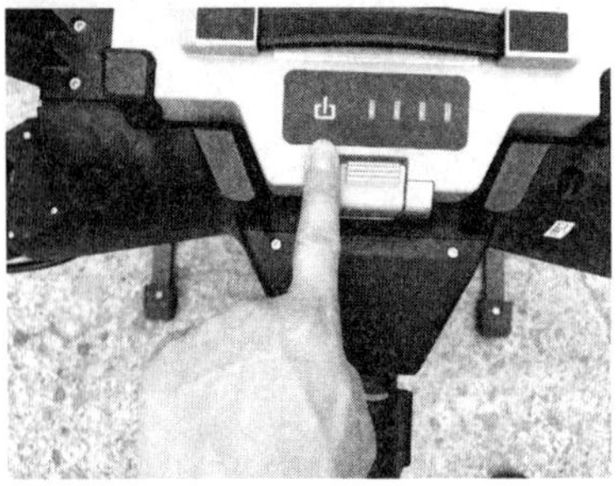

续表 6-3

序号	操作说明	示意图
2	检查各部件是否固定完好	
3	点击 App 右上角设置图标，查看“RTK 设置”，将无人机 RTK 定位打开，根据实际情况选择“接收 RTK 信号方式”然后关闭并返回上一级界面，等待 App 界面上搜索卫星信号完成	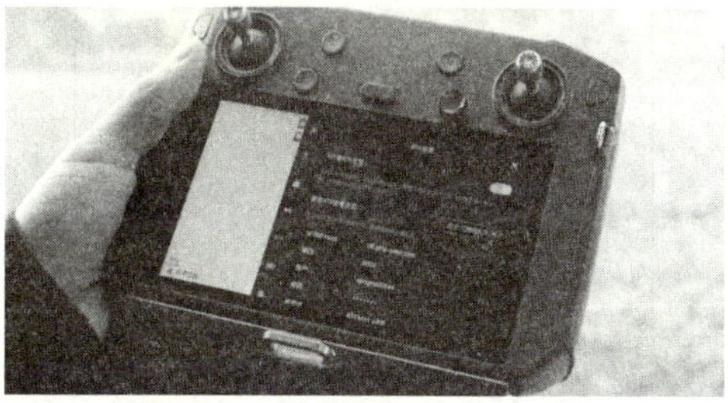
4	操作遥控器内八掰杆解锁起飞，操作无人机沿作业区域边界飞行	
5	飞至边界区域拐点处，保持无人机悬停上空，App 界面上点击右侧“添加拐点 C2”	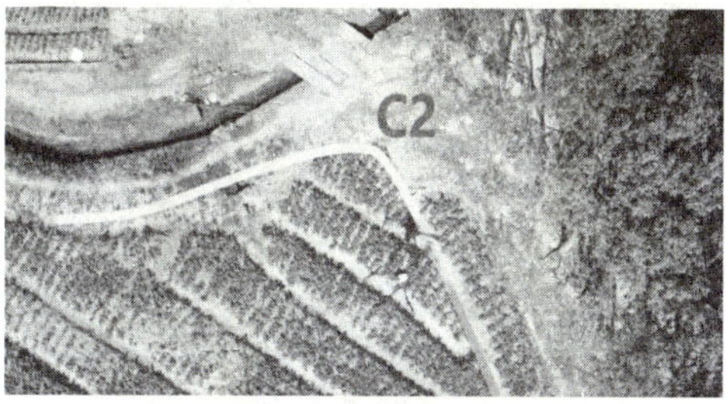 

续表 6-3

序号	操作说明	示意图
6	如果作业区域内有障碍物，操作植保无人机飞到障碍物附近，在App 界面右侧“障碍物模式 C1”	 
7	在 App 界面右侧点击“添加障碍点 C2”	
8	操作植保机围绕障碍物飞行，在障碍物边界拐点处依次停留，按照上一步操作，点击添加若干障碍点	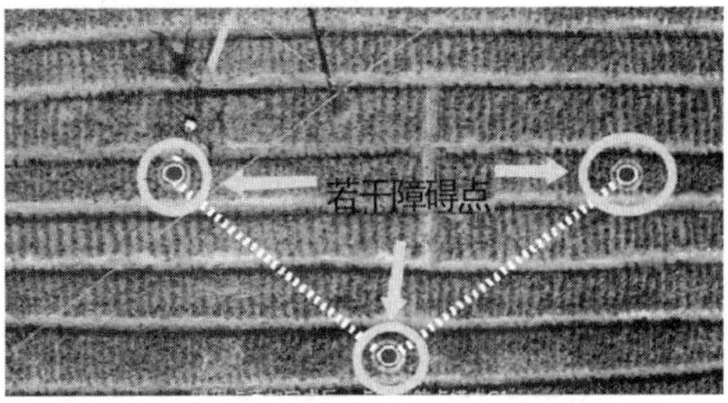
9	障碍点添加完成后，点击“航点模式 C1”	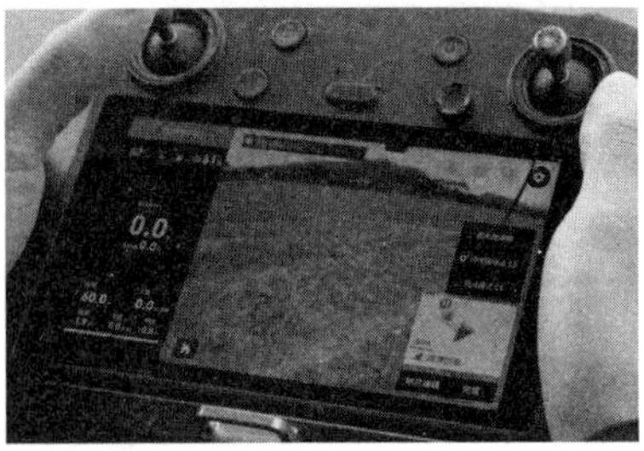

续表 6-3

序号	操作说明	示意图
10	操控无人机继续沿作业区域边界飞行，并在区域拐点处添加若干航点，完成农田作业区域边界的航点记录。	
11	操作无人机降落至指定标定点地面实际位置 降落完成后，点击 App 界面右侧“标定点”选项，完成无人机降落点设置	 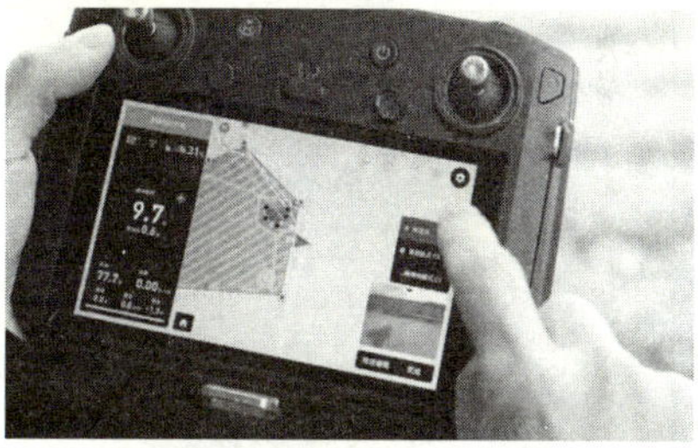
12	将规划任务命名并保存，完成飞行规划	
13	在 App 主界面中点击“执行作业”	

续表 6-3

序号	操作说明	示意图
14	点击右上角“设置”图标，在弹出界面中点击“RTK”	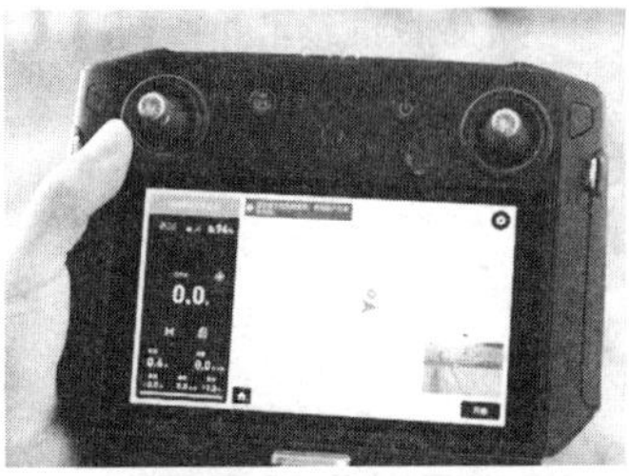 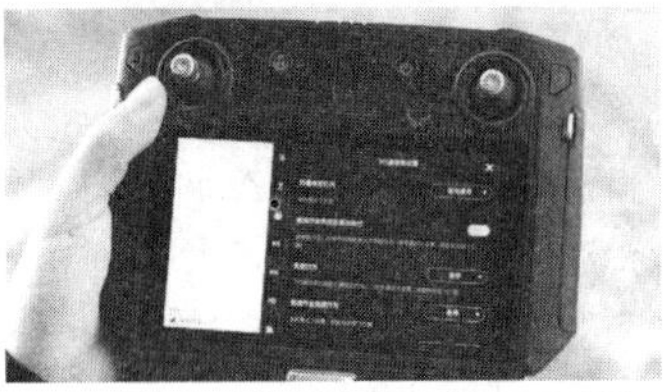
15	将“飞行器 RTK 定位”选项打开	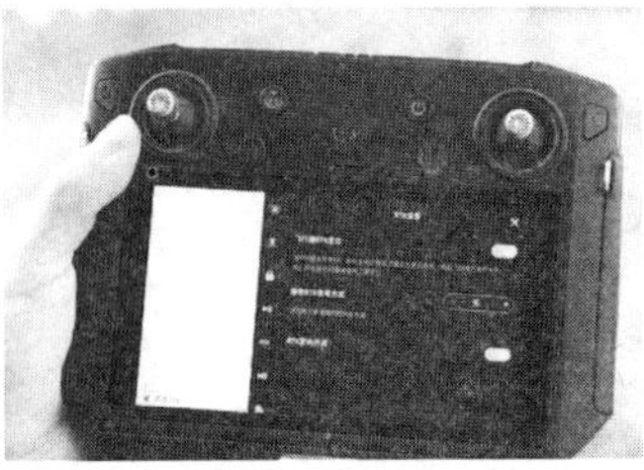
16	将“接收 RTK 信号方式”选项设置为“网络 RTK”，然后点击返回上一级界面，等待搜星完成，搜星完成后界面左上角变为绿色	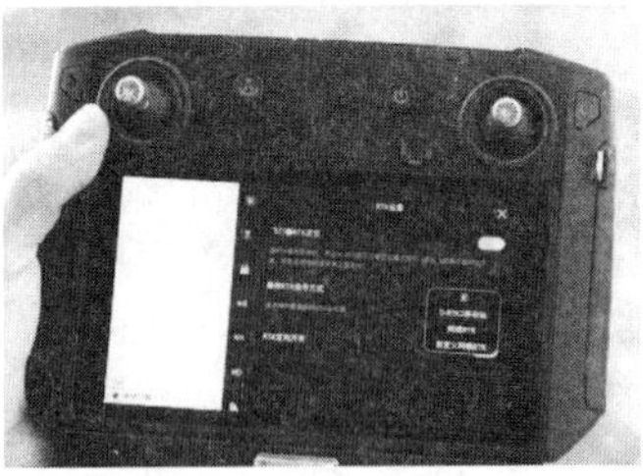  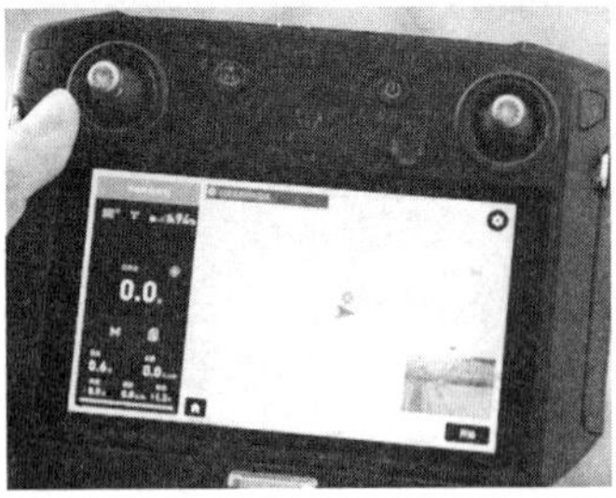

续表 6-3

序号	操作说明	示意图
17	给药箱加满液体	
18	长按 2 s 喷洒键自动排出管道空气	
19	检查各部件是否固定完好	
20	点击遥控器界面左侧任务列表图标	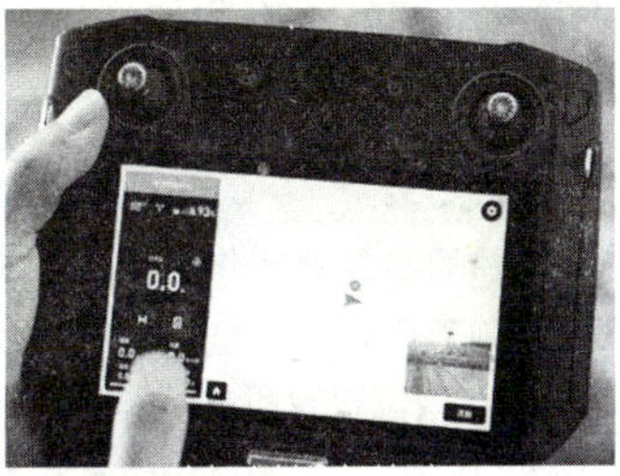
21	点击选择已规划好的地块，点击右下角“调用”按钮	

续表 6-3

序号	操作说明	示意图
22	将植保无人机放置到标定点位置	
23	在遥控器界面上点击“纠正偏移”按钮，在弹出的界面中，点击左下角“纠正到飞行器位置”按钮，然后点击右下角“保存”按钮	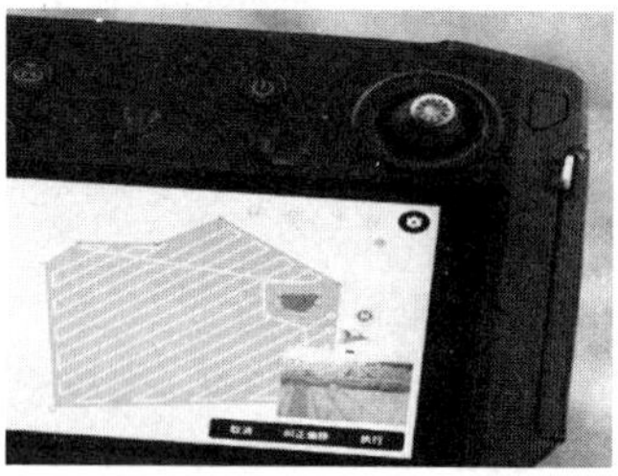 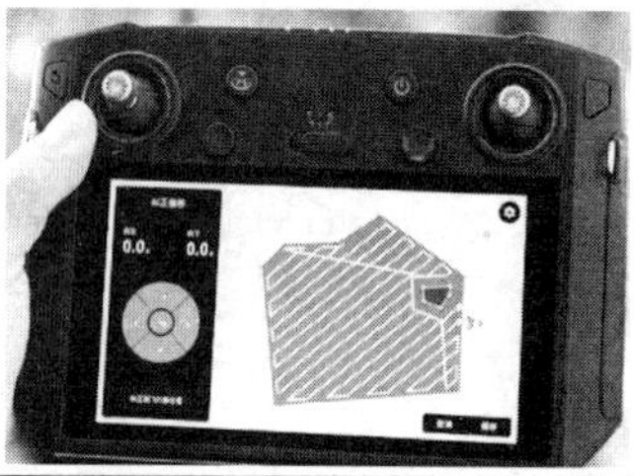
24	在遥控器界面上点击右下角“执行”按钮	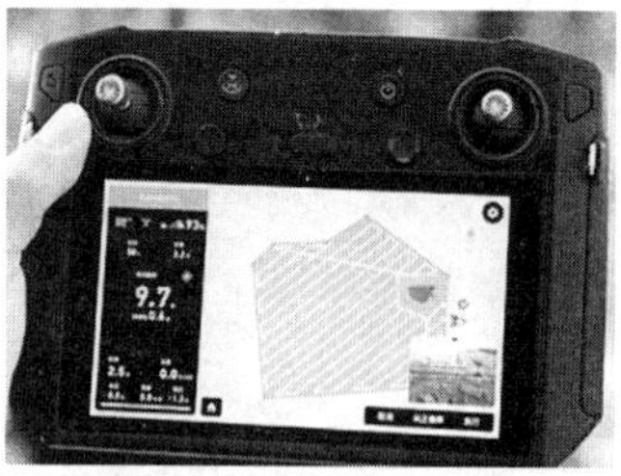
25	在遥控器界面左侧作业设置栏中设置相关参数，本任务中，喷洒用量设置为 1.4，流速设置为 2.00，飞行速度设置为 4，作业行距设置为 4.5，相对作物高度设置为 2，设置完成，点击右下角“确定”按钮，等待作业任务上传	 

续表 6-3

序号	操作说明	示意图
26	点击“确认向右滑动自动执行”，植保无人机自动起飞，并开始自动作业	

【任务考核】

1. 笔试考核(10 min)

植保无人机的航线规划作业模式有哪些优缺点？

2. 实操考核(30 min)

个人在规定时间内，在外场飞行场地用航线规划作业模式完成对某片区域的植保作业。

(1)准备器材：T20 植保无人机、遥控器、地面站、步话机等飞行所需设备。

(2)进行分组：5 人为 1 组，每人 6 min，依次进行实践操作。

(3)考核要求：听指挥，有序进行操作感受，安全顺利完成操作。

3. 课后作业

以小组为单位，讨论本次实操考核航线规划作业飞行的操作要点，总结本小组的操作经验，以流程图的形式将操作步骤清晰明了地列出来。

任务四　无人机模拟飞行
（以天途航空 TTA-M10 线上模拟器为例）

【知识准备】

一、模拟飞行

模拟飞行是成为无人机驾驶员的入门训练，通过模拟飞行训练，既可以有效地降低训练成本，又可以快速地提升无人机驾驶的能力。模拟飞行是依托计算机硬件和软件技术，应用互联网、局域网环境，近似于真实无人机的仿真飞行操作技术的训练。

合格的飞行能力首先要求无人机驾驶员掌握手动驾驶多旋翼无人机的能力，即使用遥控器驾驶无人机的能力，手动驾驶无人机的能力主要通过模拟器训练和实机训练相结合的方式获得，先通过模拟器训练掌握一定的飞行驾驶能力，达到进行实机训练的标准，进入模拟器和实机配合训练阶段，直至能够驾驶规定重量的多旋翼无人机在规定飞行模式下完成规定动作。

二、模拟飞行的特点

模拟飞行相对于实机飞行，具有以下特点：

(1)低成本。使用模拟软件和模拟设备代替真实飞机进行飞行训练，成本优势显而与见。普通无人机飞行模拟软件和设备的购买成本几十元到一两百元不等，只相当于一个无人机电池的价格，安装在个人计算机上即可使用，训练过程几乎不产生设备维护、维修和损毁用。相比于采购价格几千至几万元的实机和飞行训练中可能产生的电池、维保损耗，模拟器训练相当廉价。

(2)高效率。使用飞行模拟器的另一大优势是训练效率高，普通的无人机飞行模拟器要在有个人计算机的地方连接上模拟设备和模拟软件就能使用。使用实机训练，需要考虑地、天气、光线、飞行设备状态、能源(如电池)支持等因素。根据训练实践统计，使用模拟器训练 1 h 可以保障 30～40 min 的有效训练时间。使用实机训练 1 h 只能保障 10～15 min 的训练时间，即使用实机训练平均 1 h 有 10～15 min 用在了飞行练习上，大量的时间被天气干扰、充电、转场、排队、维护、管设备等工作占用。

(3)低风险。刚接触飞行训练的新手，飞行技能不熟练，心理素质不过关，应急能力也较差，直接使用实机进行训练，飞行风险较高。飞行模拟器使用软件模拟飞行，不会对驾驶员和他人造成物理伤害，在室内进行练习也不会有风、热、雨、寒等天气影响。在飞行模拟器上以获得初级驾驶技能和建立驾驶信心，能够平稳过渡到实机训练，大大降低飞行风险。

当然，飞行模拟训练也有一些缺点，再好的模拟器也不能完全模拟真实操控和飞行环境，模拟遥控器配合模拟软件的操作感受可能与实机有差异，模拟练习有一定难度且是简单动作的重复，可能产生一个练习疲劳阶段。但瑕不掩瑜，模拟器训练仍旧是必要的，因此掌握必要的飞行模拟器训练方法，可以充分发挥模拟训练低成本、高效率、低风险的优势，尽快过渡到模拟与实机配合训练时期，尽可能地缩短模拟训练的枯燥期。

三、天途航空 TTA-M10 线上模拟器

天途航空 TTA-M10 线上模拟器是针对无人机(多旋翼)驾驶员外场训练考试要求，以 Unity 开发的一款线上教学训练软件，该线上模拟器以线上模拟实训教学方式，让学员在不打乱现有工作和学习安排的情况下，充分利用碎片化时间进行仿真训练，高度还原实际飞行操作，模拟器软件如图 6-5 和图 6-6 所示。

图 6-5　天途航空 TTA-M10 线上模拟器软件登录界面

图 6-6　天途航空 TTA-M10 线上模拟器软件界面

【任务实施】

使用天途航空 TTA-M10 线上模拟器进行水平 8 字飞行模拟训练操作，具体操作步骤如表 6-4 所示。

表 6-4　水平 8 字飞行模拟训练操作步骤

序号	操作说明	示意图
1	控制飞机起飞，飞行至中心标桶上方	 
2	以左圆左前 45°航点桶标为参照点，使用俯仰舵控制飞机，对尾左前 45°做前后运动，控制飞机到达桶标上方，注意判断正确位置，小量修正副翼控制飞机停留在中心桶上方，悬停 5～10 s。	
3	以左圆左前 90°航点桶标为参照点，使用俯仰舵控制飞机，对左侧 90°做前后平移运动，当飞机到达桶标时绿灯亮起，注意判断正确位置，此时小量修正俯仰舵控制飞机停留在中心桶上方，悬停 5～10 s。	

续表 6-4

序号	操作说明	示意图
4	以左圆左前 45°航点桶标为参照点,使用俯仰舵控制飞机,对头左前 45°做前后运动,控制飞机到达桶标上方,注意判断正确位置,小量修正副翼控制飞机停留在中心桶上方,悬停 5～10 s。	
5	以左圆最左侧飞机对头 180 °航点桶标为参照点,使用俯仰舵控制飞机,对头 180°做前后平移运动,当飞机到达中心桶标时绿灯亮起,注意判断正确位置,此时小量修正俯仰舵控制飞机停留在中心桶上方,悬停 5～10 s。	
6	以左圆左后 45°航点桶标为参照点,使用俯仰舵控制飞机,对头左后 45°做前后运动,控制飞机到达桶标上方,注意判断正确位置,小量修正俯仰舵控制飞机停留在中心桶上方,悬停 5～10 s。	
7	以左圆左后 90°航点桶标为参照点,使用俯仰舵控制飞机,对右侧 90°做前后运动,当飞机到达中心桶标时绿灯亮起,注意判断正确位置,此时小量修正俯仰舵控制飞机停留在中心桶上方,悬停 5～10 s。	
8	以左圆最后一个 45°航点桶标为参照点,使用俯仰舵控制飞机,对尾右后 45°做前后运动,控制飞机到达桶标上方,注意判断正确位置,此位置非常重要,点位要压准才能收好尾。此时小量修正俯仰舵控制飞机停留在中心桶上方,悬停5～10 s。	

续表 6-4

序号	操作说明	示意图
9	完成左边圆的飞行，回到起始点，右边圆的飞行标准与左圆相同，方向相反。	
10	飞行完成后，控制飞机降落至起降点。	 

【任务考核】

1. 笔试考核(10 min)

无人机模拟飞行模式有哪些优缺点？

2. 实操考核(30 min)

个人在规定时间内，在电脑上使用模拟器软件进行水平 8 字模拟飞行训练。

(1)准备器材：电脑，模拟遥控器；

(2)进行分组：5 人为 1 组，每人 6 min，依次进行模拟操作；

(3)考核要求：有序进行操作，顺利完成操作。

3. 课后作业

以小组为单位，讨论本次考核中模拟飞行的操作要点，总结本小组的操作经验，以流程图的形式将操作步骤清晰明了列出来。

课后复习思考题

1. 物体在空间具有________个自由度，即沿 x、y、z 三个直角坐标轴方向的移动自由度________和绕这三个坐标轴的转动自由度________。
2. 多旋翼无人机的飞行，也就是如何改变多旋翼无人机的姿态________个数值和位置________个数值。
3. 美国手操作方式：________手拇指控制飞机升降和左右转操作，________手拇指控制飞机前进、后退和左右平移操作。
4. 日本手操作方式：________手拇指控制飞机前进、后退和左右转操作，________手拇指控制飞机升降和左右平移操作。
5. 手动作业模式是单纯依靠____________进行飞防的作业方式，所有操作都由无人机操作人员来完成，智能化程度较________。
6. 使用大疆 T20 植保无人机需要在______________________的场景进行植保作业时，可以使用手动作业模式完成任务。
7. AB 点作业模式只适合________地块，对于不规则地块难以进行作业。
8. 航线规划作业模式在工作时，需要提前观察________并进行规划，规避作业区域内的障碍物，以避免植保无人机撞上障碍物造成损坏。
9. 大疆 T20 植保无人机航线规划作业模式适合在________区域进行作业。
10. 大疆 T20 植保无人机________作业模式时，植保无人机自动起飞，开始自动作业。

项目七
无人机紧固件日常维护

【项目引入】

图 7-1 是有关坠机事件的报道，且仅仅是飞机坠机事件报道中的冰山一角，可看出，空中飞行，安全非常重要，要想飞机安全到达目的地，必须做好飞机飞行前的各项检查和评估。无人机飞行也一样，想要飞行万无一失，日常维护非常重要。

图 7-1　坠机事件的报道

本项目将通过多旋翼无人机的维护文件、紧固件等关键内容的日常检查、日常维护的实际操作等内容，系统性地让学员掌握无人机日常维护知识和技能。

为了让学员掌握无人机日常维护的知识和技能，需要准备以下设备，如图 7-2 所示。

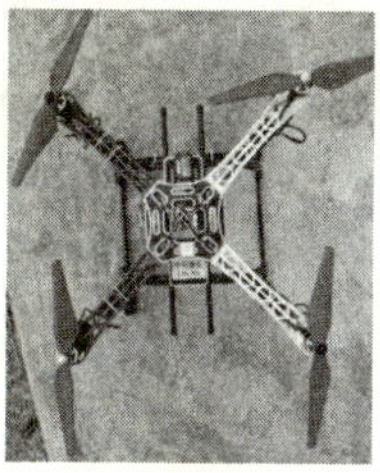	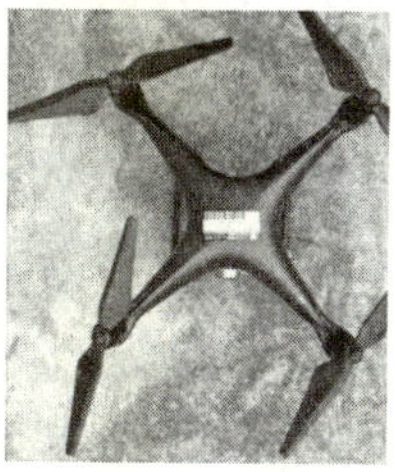		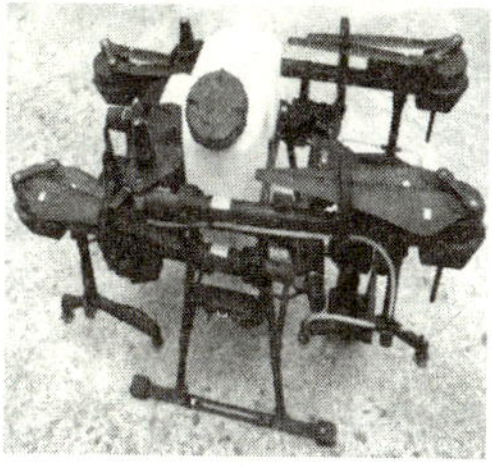
组装拆装用实训多旋翼无人机	消费级航拍无人机	植保无人机	T20 植保无人机
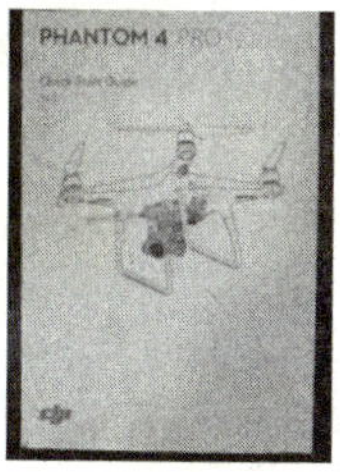	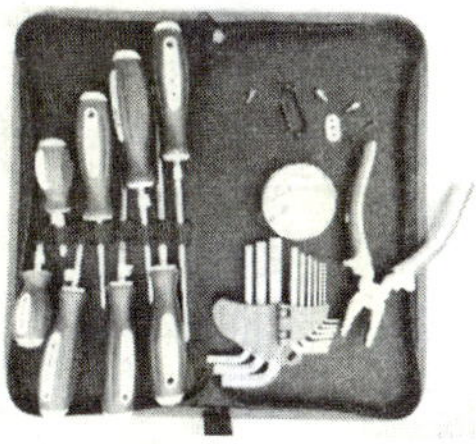	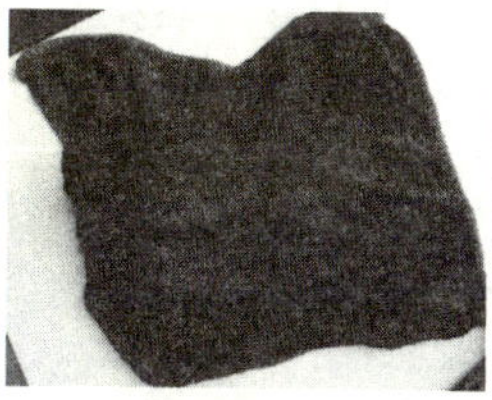	
纸质/电子维护文件	配套工具	辅助工具	清洁剂

图 7-2　准备设备

任务一　多旋翼无人机维护文件的填写

正确地完成维护文件的准备、维护文件的填写，按照维护文件进行维护操作，维护文件的保存是确保无人机保持安全性的重要因素。要想顺利掌握这些技能，需要学员了解无人机维护的概念、多旋翼无人机维护对象等相关知识。

【知识准备】

一、无人机维护的概念

所谓维护，即维以护之，免受外害。从广义上讲，无人机的保管、检查、维修、更换部件等操作均属于维护的范畴。维护是为了保证无人机的安全飞行，为了确保无人机的正常使用寿命。

总的来讲，多旋翼无人机的维护分为以下几个方面。

(一)例行检查

例行查检,是指按照惯例进行的检查,就是隔一段时间需要进行的检查,多旋翼无人机需要按照特定的时间间隔来进行这种状态的检查,间隔时间主要根据多旋翼无人机厂家的建议而定。例行检查的目的是保证无人机的整个系统状态是良好的,一般由保管人员完成。

多旋翼无人机的例行检查对象重点是针对无人机整体,如图 7-3 所示。

(二)飞行前检查

飞行前检查是按照说明书进行的飞行前检查,目的是确保无人机的绝对安全,由驾驶员完成。

多旋翼无人机的飞行前检查对象重点是针对机载设备,如图 7-4 所示。

图 7-3　例行检查对象——无人机整体

图 7-4　飞行前检查对象——机载设备

(三)日常维护

日常维护也称预防性维护,目的是预防未来多旋翼无人机出现危险,主要是简单的、次要的标准零件或设备更换,不涉及复杂的操作。比如更换螺丝钉、更换螺旋桨等。多旋翼无人机的平日检查对象重点是针对桨、电动机、紧固件、喷洒装置等设备,如图 7-5 所示。

图 7-5　平日检查对象

(四)大修

大修是指在规定期限内对设备定期进行检修、维护,或者对已带病运行的设备进行检修维护。大修包括修理和更换。比如无人机结构或部分设备出了小问题，修一修就能用，这就称为修理。而如果无人机结构或部分设备出了大问题，没法修了，那就需要更换。

大修的目的是让无人机尽量恢复到本机初始状态，大修方案制定前应查阅平时的生产维修记录，即损坏和维修状况，大修完必须做好记录，写清楚大修后的本机当前状态。大修一般由厂家或其他专业人员完成。

多旋翼无人机的大修对象重点是针对大型的部件与设备，如电机，如图 7-6 所示。

图 7-6　大修检查对象

【任务实施】

多旋翼无人机履历本的填写如表 7-1 所示。

表 7-1　多旋翼无人机履历本的填写

操作步骤	操作说明	示意图
1	无人机的履历本就相当于这架无人机的档案。主要记录本机的初始状态、状态变化、飞行记录、维护记录等	**无人机履历本** 型　　号 ________ 机　　号 ________ 发动机型号 ________ 交付日期 ____ 年 __ 月 __ 日

续表 7-1

<table>
<tr><th>操作步骤</th><th>操作说明</th><th>示意图</th></tr>
<tr><td>2</td><td>无人机初始状态即出厂状态。包括：无人机基本性能、无人机平台结构型号、动力机型号、电调型号、桨型号、飞控设备型号、链路设备型号、任务设备型号等</td><td>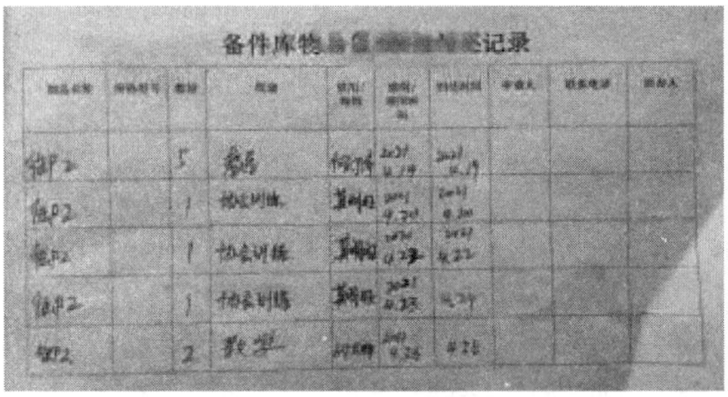
备件库物品……记录</td></tr>
<tr><td>3</td><td>无人机状态变化代表了在经过平日维护、大修等工作后，其性能、结构、设备型号等变化，需注明日期、操作人员和检查人员等</td><td>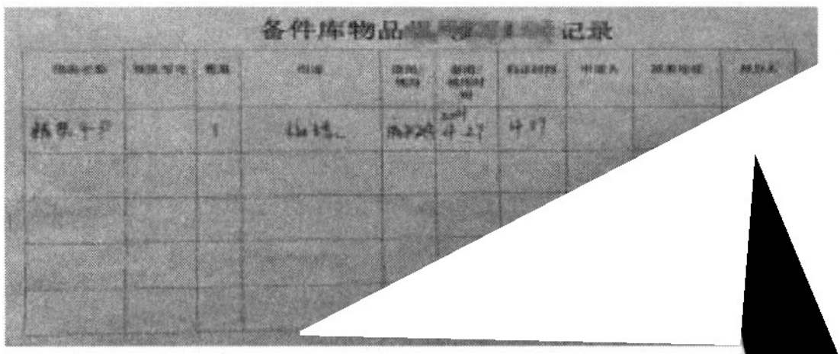
备件库物品……记录</td></tr>
<tr><td>4</td><td>飞行记录需要在每个起落或每天的飞行之后填写。注明飞行任务、航线描述、飞行起止时间、操作人员、无人机状态变化等内容</td><td>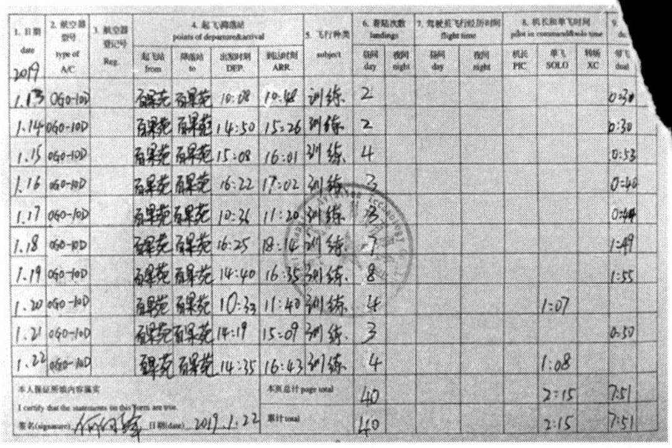
1. 日期 date 2019 | 2. 航空器型号 type of A/C | 起飞站 from | 降落站 to | 出发时刻 DEP. | 到达时刻 ARR. | 5. 飞行种类 subject | 6. 着陆次数 landings 日间 day
1.13 | OGO-10D | 百果苑 | 百果苑 | 10:08 | 10:48 | 训练 | 2 | 0:30
1.14 | OGO-10D | 百果苑 | 百果苑 | 14:50 | 15:26 | 训练 | 2 | 0:30
1.15 | OGO-10D | 百果苑 | 百果苑 | 15:08 | 16:01 | 训练 | 4 | 0:53
1.16 | OGO-10D | 百果苑 | 百果苑 | 16:22 | 17:02 | 训练 | 3 | 0:40
1.17 | OGO-10D | 百果苑 | 百果苑 | 10:36 | 11:20 | 训练 | 3 | 0:44
1.18 | OGO-10D | 百果苑 | 百果苑 | 16:25 | 18:14 | 训练 | 7 | 1:49
1.19 | OGO-10D | 百果苑 | 百果苑 | 14:40 | 16:35 | 训练 | 8 | 1:55
1.20 | OGO-10D | 百果苑 | 百果苑 | 10:33 | 11:40 | 训练 | 4 | 1:07
1.21 | OGO-10D | 百果苑 | 百果苑 | 14:19 | 15:09 | 训练 | 3 | 0:50
1.22 | OGO-10D | 百果苑 | 百果苑 | 14:35 | 16:43 | 训练 | 4 | 1:08
本页总计 page total | 40 | 2:15 | 7:51
累计 total | 40 | 2:15 | 7:51
日期(date) 2019.1.22</td></tr>
<tr><td>5</td><td>维护记录需要按无人机的实际作业特点按相应要求填写。注明维护（例行检查、飞行前检查、平日检查、大修）的原因、充放电情况、设备更换情况、维护时间、操作人员等内容</td><td>
使用日期（开机时间 | 关机时间） | 运行状况 | 有无故障 | 故障简述 | 使用者 | 接班者签字 | 备注</td></tr>
</table>

【任务考核】

任务准备

分组：每 5 人为 1 组。

器材准备：笔、纸、无人机说明书、尺子等。

1. 笔试考核(10 min)

每组代表在规定时间内完成以下问答题。

多旋翼无人机的维护包括哪方面的内容？每种维护主要针对哪些对象？

2. 实操考核(30 min)

每组进行例行检查表格的编制。

考核要求：文书整洁、美观，内容全面、流程正确。

3. 课后作业

以小组为单位，如何进行履历本的填写？下次课上提问。预习紧固件维护。

任务二　紧固件维护

紧固件是指将两个或两个以上零件(或构件)紧固连接成为一件整体时所采用的一类机械零件的总称。紧固件的品种规格多，性能用途各异，而且标准化、系列化、通用化的程度也极高。因此也有人把已有国家标准的一类紧固件称为标准紧固件，或简称为标准件。标准件的结构(外观)、尺寸、画法等方面都有严格的标准，常用紧固件还必须由专业工厂生产，如螺纹件、键等。无人机行业最常用的紧固件通常包括以下几种，如表 7-2 所示。

表 7-2　常用紧固件

紧固件名称	概念	示意图	主要维护工具	示意图
螺栓	由头部和螺杆(带有外螺纹的圆柱体)两部分组成的一类紧固件，需与螺母配合，用于紧固连接两个带有通孔的零件。这种连接形式称为螺栓连接。如把螺母从螺栓上旋下，又可以使这两个零件分开，故螺栓连接是属于可拆卸连接	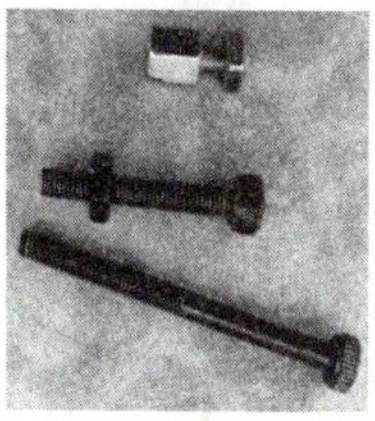	L 形内六角扳手或 T 形内梅花扳手	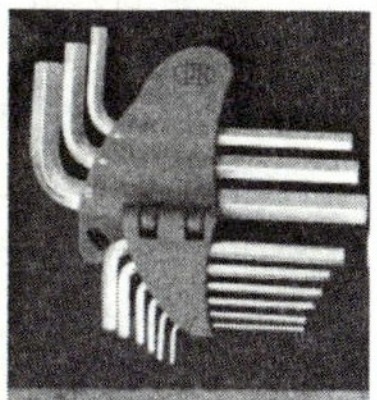 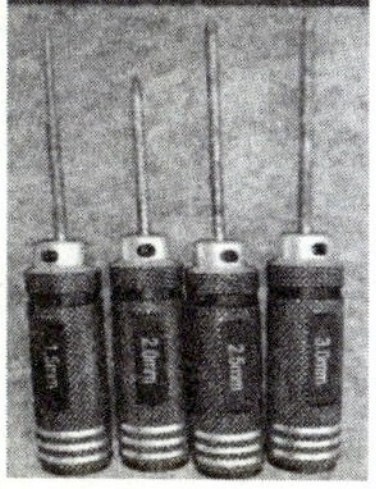

续表 7-2

紧固件名称	概念	示意图	主要维护工具	示意图
螺钉	一种常见的由头部和螺杆两部分组成的一类紧固件,种类多样,但按用途分,可分为机械螺钉、紧定螺钉、特殊用途螺钉,无人机常用的也是这三种螺钉		L 形内六角扳手、螺丝刀或者 T 形内梅花扳手	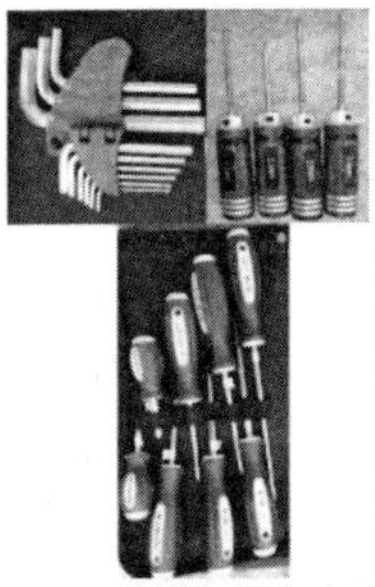
螺母	螺母就是螺帽,是将机械设备紧密连接起来的零件,通过内侧的螺纹,同等规格螺母和螺栓才能连接在一起。目前广泛应用于无人机的是尼龙自锁螺母	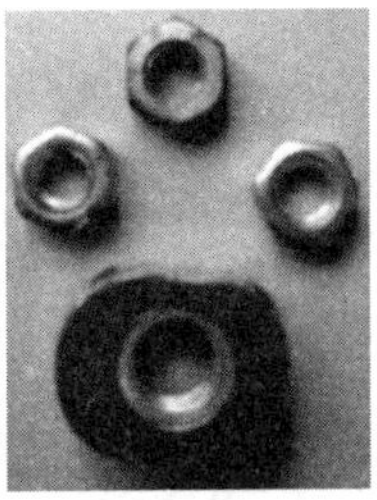	开口扳手或套筒扳手	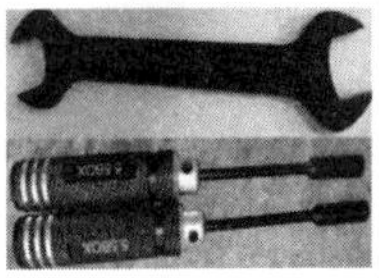
垫圈	垫在被连接件与螺母之间的零件。一般为扁平形的金属环,起密封作用,或者分散螺母对被连接件的压力,以保护被连接件的表面不受螺母擦伤。可分为非金属垫片、金属垫片、金属-非金属组合垫片大类	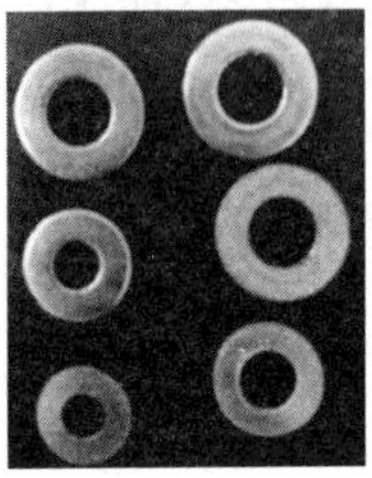	—	—
铆钉	铆钉是由头部和钉杆两部分构成的一种紧固件,钉形物件,一端有帽:在铆接中,利用自身形变或过盈连接被铆接的零件。铆钉连接是指用于紧固连接两个带通孔的零件(或构件)使之成为一体,属于不可拆卸连接,要使连接在一起的两个零件分开,必须破坏零件上的铆钉	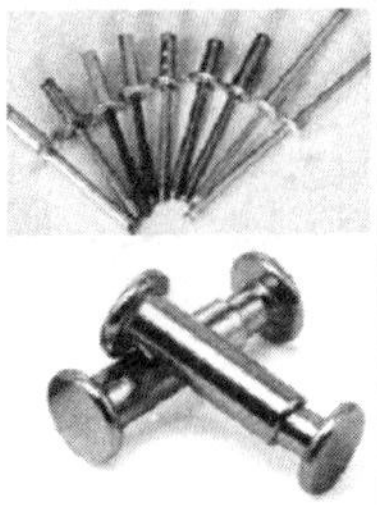	拉铆枪	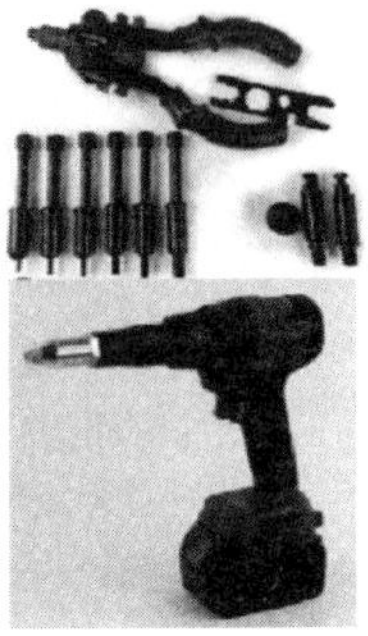

【任务实施】

多旋翼无人机的紧固件检查是日常维护的重点,只要一处紧固件没装好,在飞行时就有可能造成不可估量的损失，在此，介绍多旋翼无人机紧固件日常的维护操作。

一、消费级多旋翼无人机紧固件日常维护操作

消费级多旋翼无人机紧固件日常维护操作如表 7-3 所示。

表 7-3　消费级多旋翼无人机紧固件日常维护操作

操作步骤	操作说明	示意图
1	检查整机外壳螺钉是否松动；使用 L 形内六角扳手或 T 形内梅花扳手或相应对应螺丝刀深入机身底部小孔，均匀转动丝杠及舵机内齿轮组，检查是否运行顺畅，整机允许的话把机子倒过来，检查螺丝是否有掉落或者下垂现象	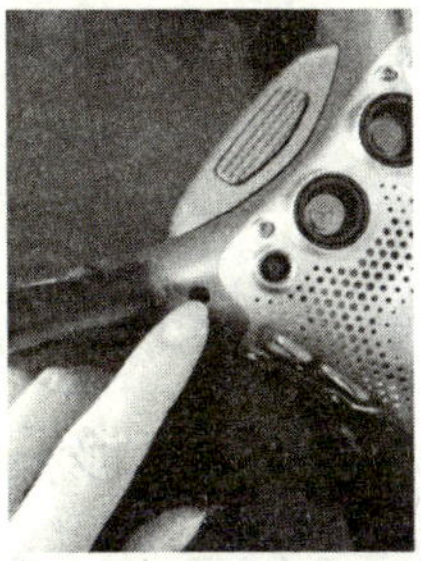
2	无人机电池安装完毕，稍用力拉一下，检查卡扣是否扣好，如有位置偏差，需要重新安装到位	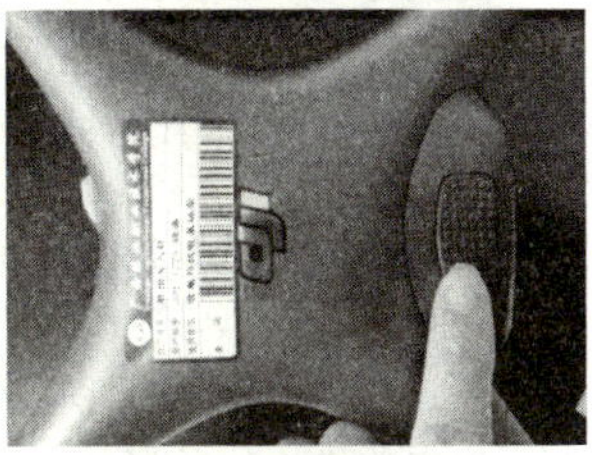
3	检查云台减震是否老化、脱落；用手旋转几圈，检查是否牢固、灵活、可靠	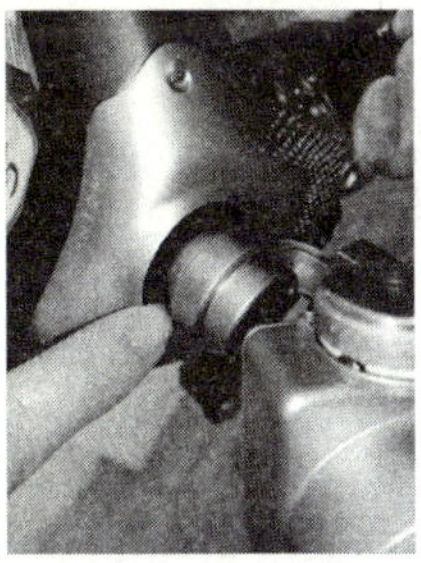
4	检查螺旋桨架螺丝是否牢固，用手转动，检查螺旋桨架是否转动顺畅，如有卡转现象，需维护或更换；并检查卡扣凸出部分是否断裂，如有断裂需更换	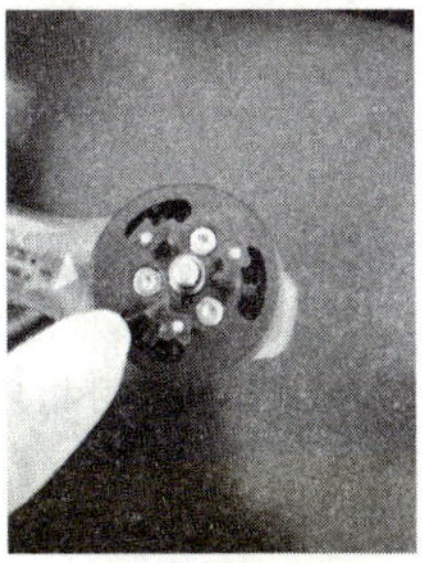

续表 7-3

操作步骤	操作说明	示意图
5	检查起落架的倾斜角度是否对称，机架升降时是否水平	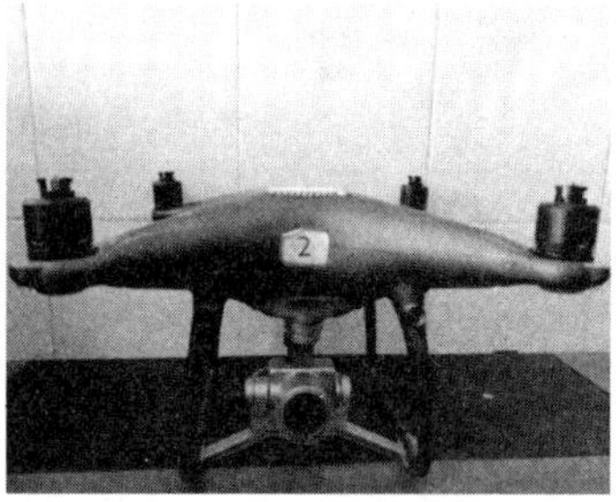

二、工业级多旋翼无人机紧固件日常维护操作

工业级多旋翼无人机紧固件日常维护操作(以 T20 植保无人机为例)，如表 7-4 所示。

表 7-4　工业级多旋翼无人机紧固件日常维护操作(以 T20 植保无人机为例)

操作步骤	操作说明	示意图
1	观察整机机体紧固件是否有明显的松动，如有，使用相应工具检查，如出现不合规格或滑牙现象，需要更换相应紧固件，再使用相应工具逐一检查整机机体的紧固件，确保整机紧固件的完好	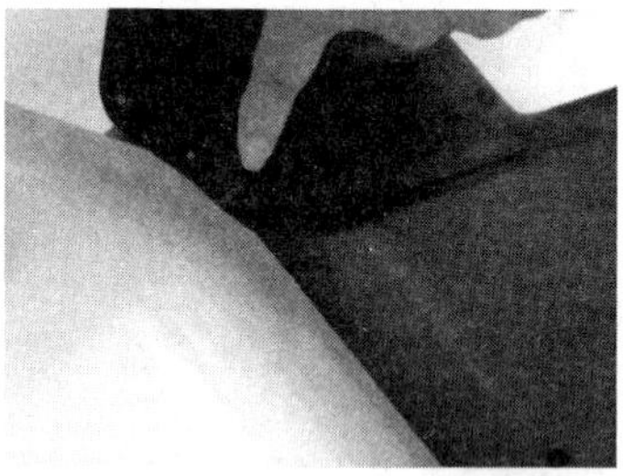
2	无人机旋转部件使用相应工具检查螺旋桨上各螺钉的松紧度；螺旋桨的螺钉安装时需要打上螺丝胶	
3	全向避障雷达可实现 360°感知农田障碍物并自动绕障，也可实现定高作业，对其紧固件的检查非常重要，使用相应工具检查各螺钉的松紧度	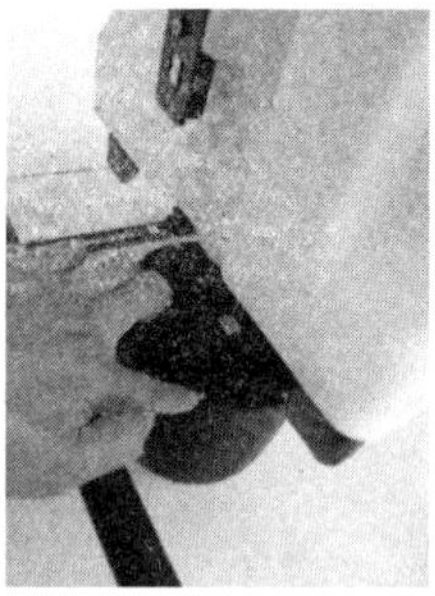

续表 7-4

操作步骤	操作说明	示意图
4	使用相应工具检查安装液位检测传感器的螺钉，如出现松动则需要更换	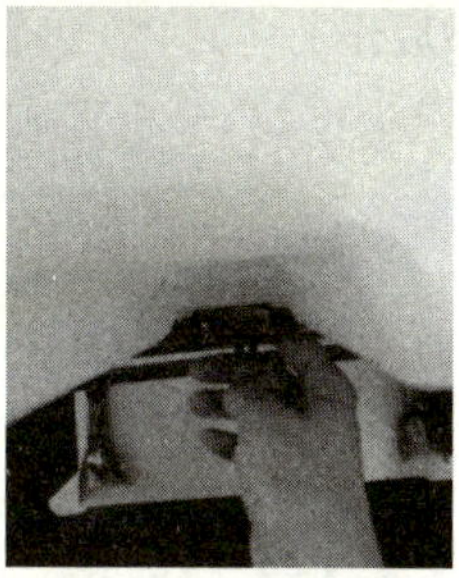
5	使用相应工具检查安装喷洒的紧固件，如有松动现象，需更换	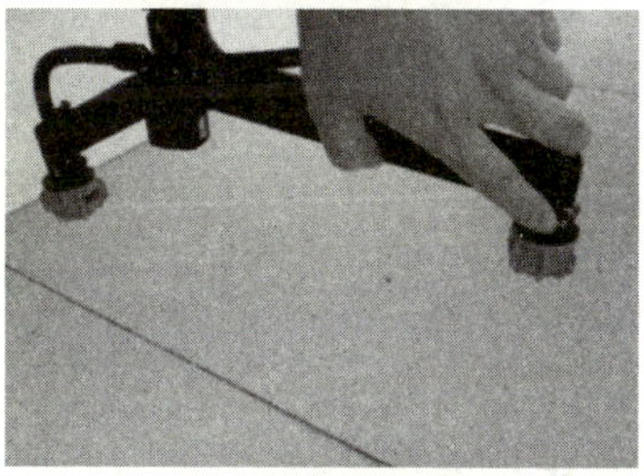
6	使用相应工具检查安装电池和水箱支架的紧固件，如有异常，需更换紧固件；观察支架杆是否有明显的断裂痕迹，如有则需要更换支架杆，如无明显断裂，用手轻摇支架杆，如出现软化现象，需及时更换	

【任务考核】

任务准备

分组：每 5 人为 1 组。

器材准备：拆装用无人机、航拍无人机、T20 植保无人机、工具等。

1. 笔试考核(10 min)

每组代表在规定时间内完成以下问答题。

拆装用无人机、航拍无人机、T20 植保无人机检查内容分别是哪些？无人机常用维护工具有哪些？

2. 实践考核(75 min)

每组编制航拍无人机和 T20 植保无人机的紧固件检查内容，对拆装用无人机进行 5 处紧固件的拆卸与组装或更换，并进行相应记录。

考核要求：按规程进行操作，文明操作；选择正确工具；检查紧固件内容和程序无误；正确完成拆装、更换；操作记录准确无误；并把遇到的问题和解决方法记录好。

总结：每组代表进行总结。

3. 课后作业

以小组为单位，分析无人机行业最常用的紧固件通常包括几种？它们对应的维护工具分别是什么？下次课上提问。预习螺旋桨日常维护操作。

任务三　螺旋桨日常维护操作

可以说，螺旋桨是无人机除了螺钉和电池外需要更换最多的零件，为顺利掌握检查和更换螺旋桨的技能，需要了解螺旋桨产生升力的原因，熟悉不同螺旋桨维护的相关操作。

【知识准备】

通俗地讲，螺旋桨产生力的原因就是在螺旋桨的上下产生空气压力差从而产生升力。螺旋桨旋转，产生一个上下的压力差，当下方的压力大于上方的压力时，就产生一个向上的拉力或推力。螺旋桨的叶片并不是垂直于转轴的，而是有一个夹角，这个夹角使螺旋桨转动时对空气有一个侧后方的力，即有一个向后的分力。因此空气对螺旋桨也有一个向前的分力，即动力。螺旋桨产生升力的公式如图 7-7 所示。

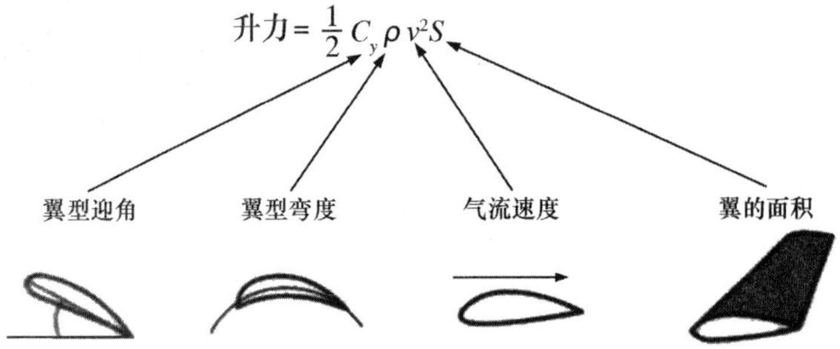

图 7-7　螺旋桨产生升力的公式

从公式可知，升力与翼型迎角、翼型弯度、气流速度、翼的面积成正比，翼型迎角、翼型弯度、气流速度、翼的面积越大，升力就越大。

【任务实施】

一、消费级多旋翼无人机螺旋桨日常维护操作

消费级多旋翼无人机螺旋桨日常维护操作如表 7-5 所示。

表 7-5 消费级多旋翼无人机螺旋桨日常维护操作

操作步骤	操作说明	示意图
1	检查螺旋桨整体是否有破损，是否有变形；检查桨根处是否有裂痕。如有上述情况，需要更换螺旋桨。也要检查螺旋桨表面光滑程度，如表面光滑度不行，则需要更换	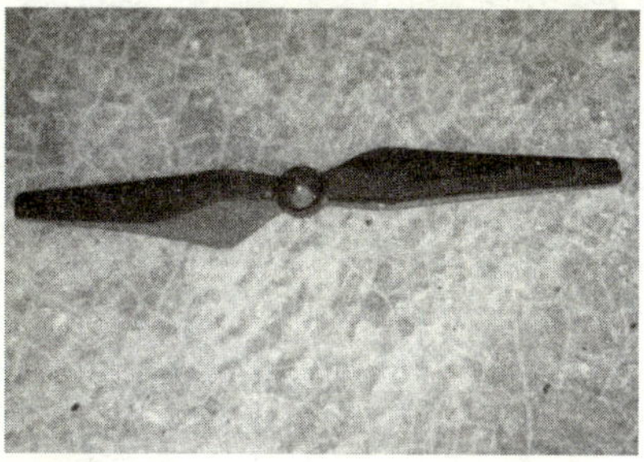
2	检查螺旋桨卡口处是否有磨损、裂纹、老化等问题，如有，则需要更换，避免飞行时射桨	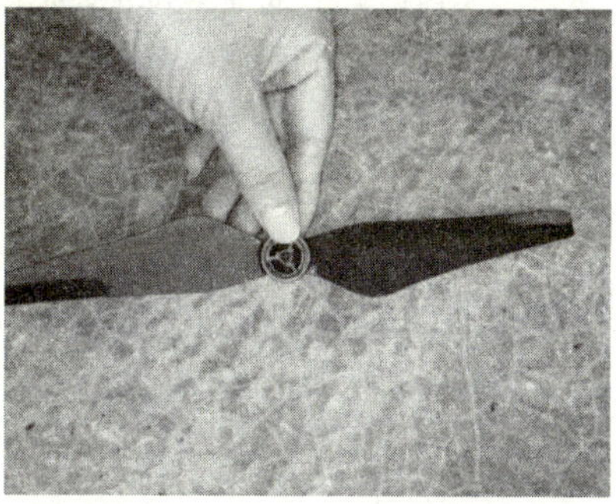
3	在螺旋桨安装到位后，要检查桨上的黑、白点是否和电动机卡口点对齐	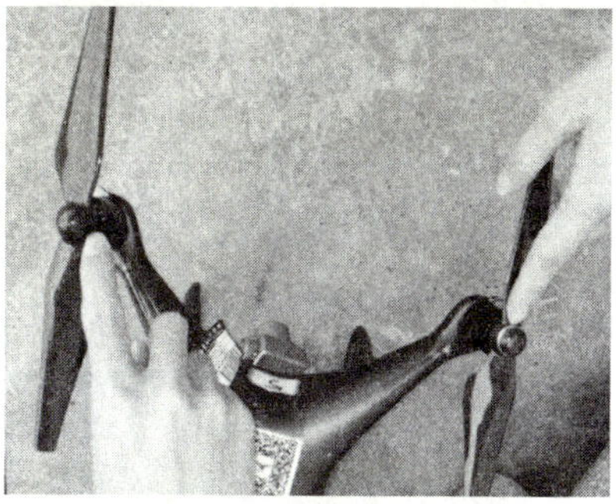
4	手捏螺旋桨与电动机转动，检查螺旋桨旋向是否正确，检查是否有松动，是否有卡涩现象；检查电机线圈内部是否干净，电机轴有无明显的弯曲；检查电动机压片是否有力	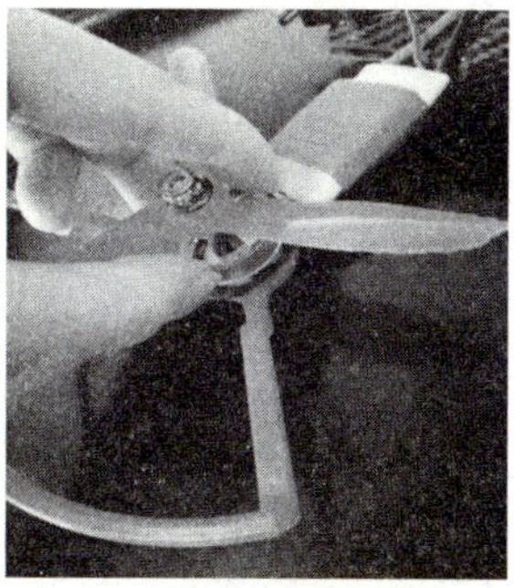

二、不同类型螺旋桨的日常维护操作

不同类型螺旋桨的检查操作如表 7-6 所示。

表 7-6　不同类型螺旋桨的检查操作

操作步骤	操作说明	示意图
1	螺纹式固定桨，用螺栓把桨固定在支架上，此类桨除了检查外观外，还需要检查螺纹是否有问题	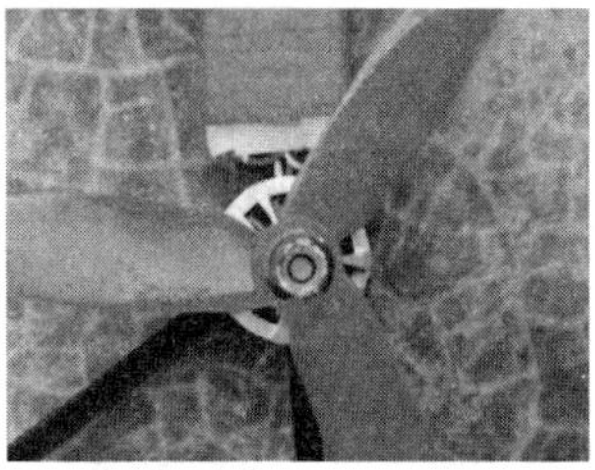
2	桨夹式固定桨，即常见的折叠桨，一般使用桨夹固定桨叶，再安装到电动机上，此类桨除检查外观外，还需重点检查桨夹上的螺钉	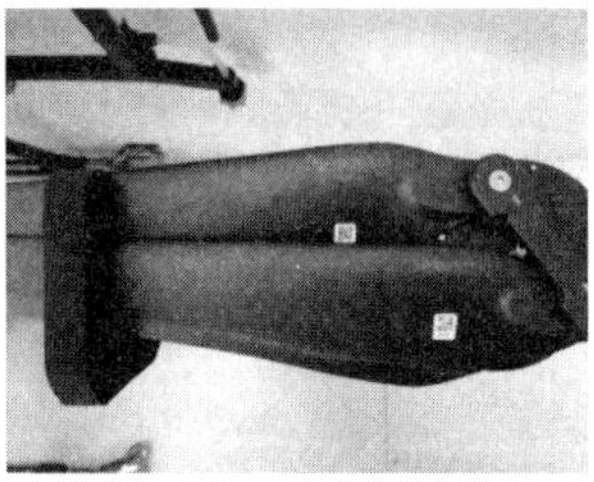
3	常见的卡簧快拆桨，通过和电动机上的桨夹卡扣相互卡住，固定在电动机上。这类桨除检查外观外，重点检查卡扣的可靠性	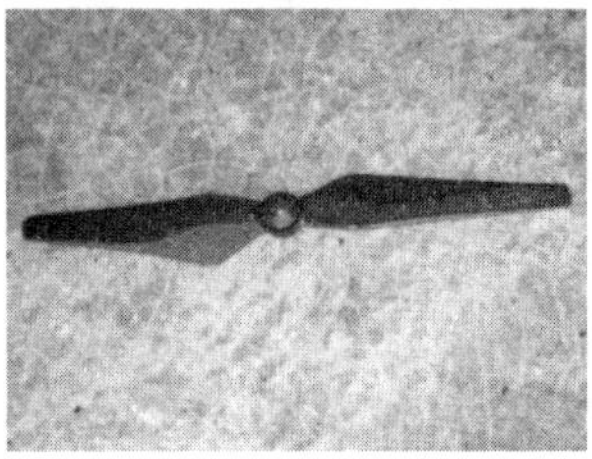
4	按压式快拆桨，一般将桨叶按压下去转一圈即可紧固到电动机上。这类桨除检查外观外，重点检查按压结构的可靠性	
5	卡扣式桨，通过按压电动机帽两边的卡扣，在电动机上旋转一圈再松手，卡扣卡紧即可固定在电动机上。这类桨除检查外观外，也主要检查卡扣的可靠性	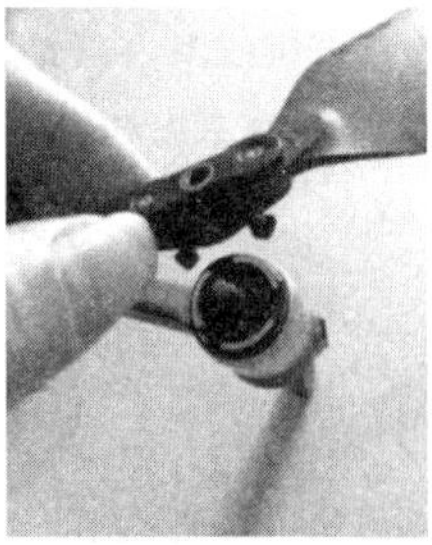

【任务实施】

任务准备

分组:每 5 人为 1 组。

器材准备:拆装用无人机、航拍无人机、T20 植保无人机、大疆植保无人机、工具等。

1. 笔试考核(10 min)

每组代表在规定时间内完成以下问答题。

拆装用无人机、航拍无人机、T20 植保无人机、大疆植保无人机分别是哪种类型的螺旋桨?它们分别怎么拆装?拆装的原理分别是什么?

2. 实操考核(75 min)

每组编制拆装用无人机航拍无人机和植保无人机的螺旋桨检查内容,对拆装用无人机进行 2 处螺旋桨的拆卸与组装或更换,并进行相应记录。

考核要求:按规程进行操作、文明操作;选择正确工具;检查拆装用无人机、航拍无人机、T20 植保无人机、大疆植保无人机的螺旋桨是什么类型的,选择检查好坏的方法,拆装的原理,正确完成检查、拆装、更换;操作记录准确无误,以表格的形式记录下来;并把遇到的问题和解决方法记录好。

总结:每组代表进行总结。

3. 课后作业

以小组为单位,简单分析和总结消费级多旋翼无人机螺旋桨日常维护操作步骤,下次课上提问。预习机体例行检查。

任务四　机体例行检查操作

无人机的任何一个小问题都有可能导致无人机在飞行过程中出现事故或损坏,因此,为了防止意外发生,除了在飞行前应该做充足的检查外,机体例行检查至关重要。

机体例行检查也就是无人机的定期检查。为了能掌握好这一技能,需要了解多旋翼无人机的机体结构特点、检查常见问题等相关知识,熟悉各种类型多旋翼无人机机体例行检查的相关操作。

【知识准备】

一、多旋翼无人机机体的结构特点

(一)消费级

多旋翼无人机的研究经历了很长的时间,从最开始飞行高度几米飞行时间十几分钟，到现在的全方位设计多应用领域的消费级多旋翼时代。随着科学技术不断发展，消费级多旋翼无人机也在不断地实现智能化、专业化、规范化。随着传感器与芯片的成本下降，消费级多旋翼无人机进入小型化与降低成本的阶段，这些微型无人机介于小型航拍无人机与玩具级无人机之间。消费级多旋翼无人机应用领域广，需求量大，要求价格亲民，因此，为了有效控制多旋翼无人机材料成本，多采用塑料模具注塑成型。塑料模具注塑成型无人机如图 7-8 所示。

图 7-8　塑料模具注塑成型无人机

（二）工业级

尺度适中的工业级多旋翼无人机，还有多数穿越机，使用碳纤板材、管材经雕刻和切割，再组装而成。一般使用二维或三维机械设计，使用 CNC 铣出机架及云台的板材，再切割出支臂需要的管材，最后用螺栓连接的方式组合在一起。这种生产工艺在全重 2～25 kg 的多旋翼无人机上使用得非常多。使用现成的板材与管材加工，不仅可以利用好材料的性能，还能节省模具与人工成本。

二、例行检查中的常见问题

错误的多旋翼无人机组装、维护，均可能带来飞行安全的致命隐患。典型的常见问题包括机体对称性、紧固件安装、重心位置、螺旋桨方向、电磁兼容问题等。

【任务实施】

一、消费级多旋翼无人机例行检查操作

消费级多旋翼无人机例行检查操作如表 7-7 所示。

表 7-7　消费级多旋翼无人机例行检查操作

操作步骤	操作说明	示意图
1	检查机体结构各部件是否歪斜;检查各部件是否出现裂纹以及破损	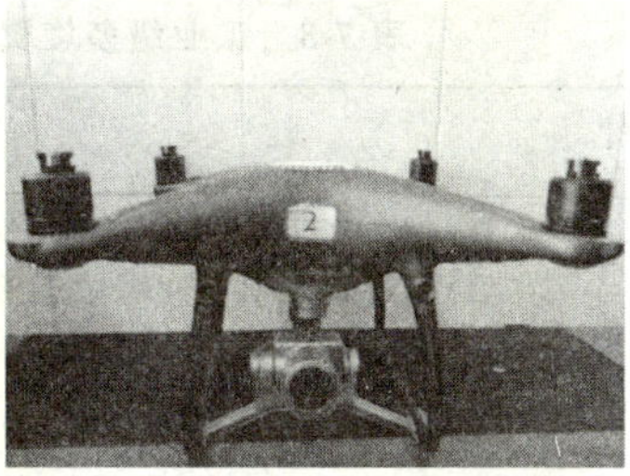
2	检查电动机是否有歪斜、脱座现象;检查电动机及其内线是否有熔断、异物残存;检查电动机下壳的缝隙是否均匀以及是否存在杂物	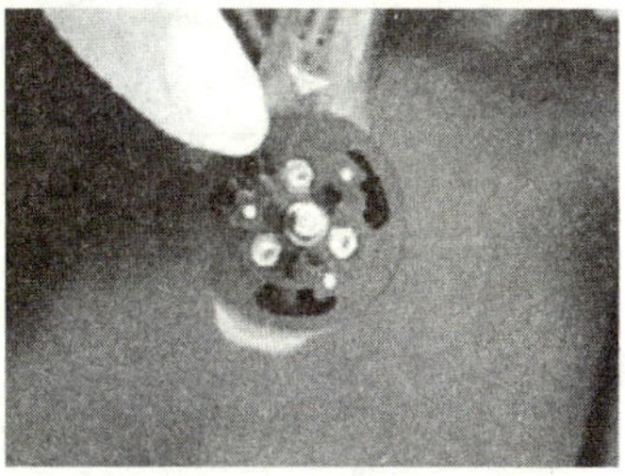
3	检查桨叶光滑度,桨面是否有瑕疵、磨损或者断裂	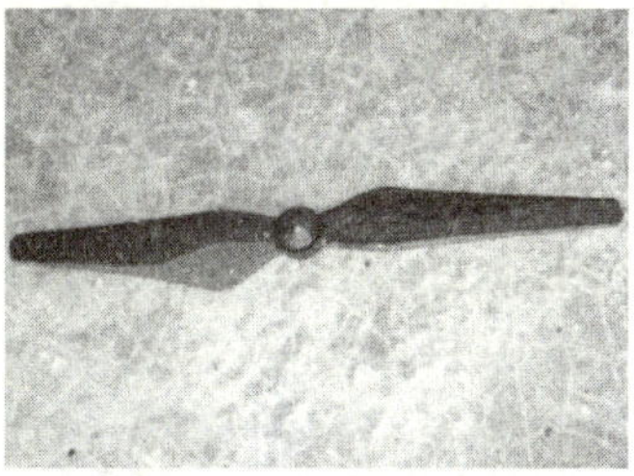
4	检查电调接线板是否有焊接或者安装松动、焊点脱落等现象,有无明显断裂、变形;检查是否有毛刺、灰尘,如有,需要及时清除	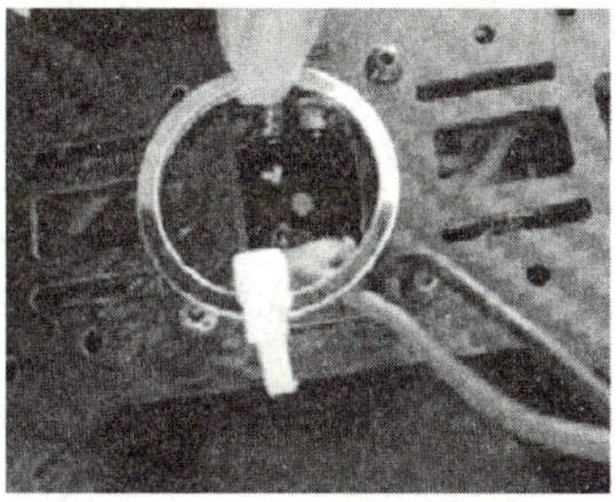
5	检查各紧固件是否牢固,如有松动,需更换	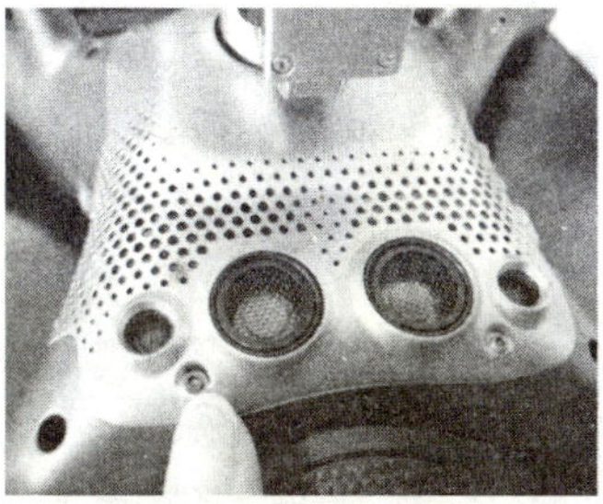

二、工业级多旋翼无人机机体例行检查

工业级多旋翼无人机机体例行检查(以 T20 植保无人机为例),如表 7-8 所示。

表 7-8 工业级多旋翼无人机机体例行检查(以 T20 植保无人机为例)

操作步骤	操作说明	示意图
1	检查整机对称性;检查整机外观是否有明显裂痕或变形	
2	检查螺旋桨正反桨的安装顺序是否正确	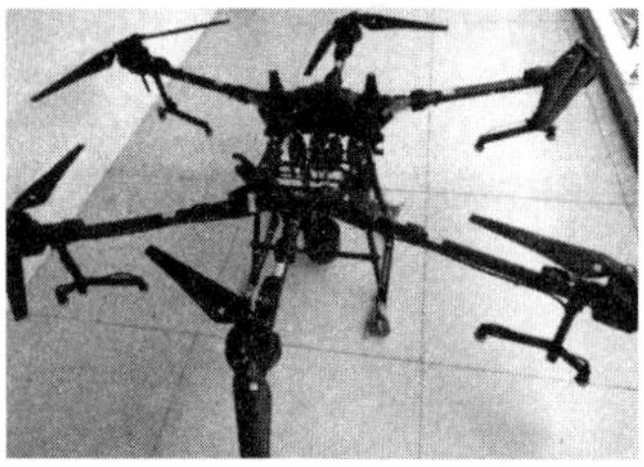
3	检查桨叶转动是否有磕碰或干扰现象;检查外露设备或电缆是否对桨叶转动有干扰	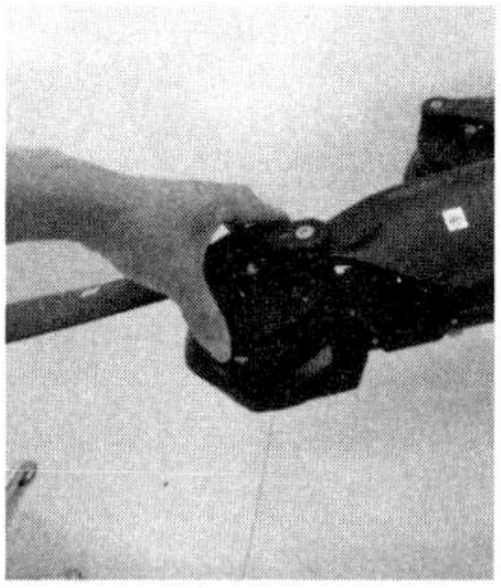
4	检查螺旋桨安装位、螺旋桨;检查并确保螺旋桨边缘完整无损坏,螺旋桨安装稳固,螺丝无松脱	
5	检查 GPS、外置磁罗盘安装方向是否正确,安装是否牢固	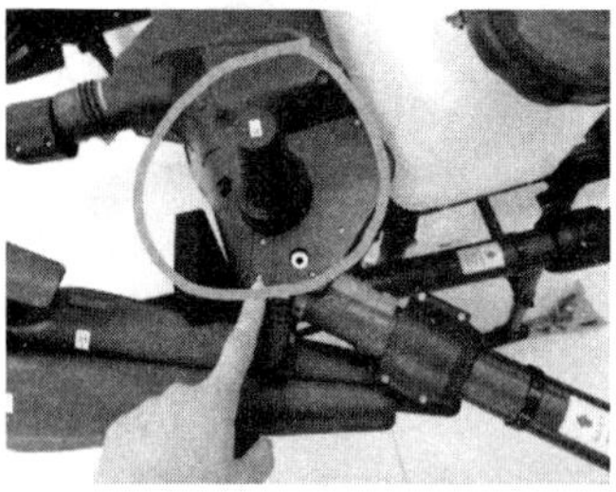

【任务考核】

任务准备

分组:每 5 人为 1 组。

器材准备:拆装用无人机、航拍无人机、T20 植保无人机、大疆植保无人机、工具等。

1. 笔试考核(10 分钟)

每组代表在规定时间内完成以下问答题。

对拆装用无人机、航拍无人机、T20 植保无人机、大疆植保无人机进行机体检查时,第一步的操作要点分别是什么?还需要注意哪些方面的检查?

2. 实操考核(75 分钟)

每组编制拆装用无人机、航拍无人机和大疆植保无人机等无人机机体的检查内容及检查步骤,并进行相应记录。

考核要求:按规程进行操作、文明操作;能准确无误地判断拆装用无人机、航拍无人机、T20 植保无人机、大疆植保无人机等机体的检查内容,能够判断机体好坏;操作记录准确无误,以表格的形式记录下来;并把遇到的问题和解决方法记录好。

3. 课后作业

以小组为单位,简单总结消费级多旋翼无人机例行检查操作内容,并预习机体清洁操作方法。

任务五　机体清洁操作

多旋翼无人机需要了解清洁与收纳、电动机拆卸等相关知识,熟悉多旋翼无人机清洁操作流程,了解清洁注意事项。

【知识准备】

一、边清洁边收纳

机体的清洁一般在飞行后执行,清洁完后会把多旋翼无人机拆卸装箱,以便于运输和保存。所以,清洁和收纳基本是同时进行的。

二、电动机的拆卸

多旋翼无人机内部有继、强磁性的磁钢片。在沙尘环境中飞行或者粗暴降落,都可能将细小的铁质颗粒吸到电动机表面或内部,这就带来了潜在的安全隐患。颗粒较少时可用压缩空气吹除,但颗粒较多时,就需要拆卸并打开电动机后清除。电动机上的螺钉拆卸方法很简单，使用常规工具即可。

【任务实施】

一、多旋翼无人机机体清洁操作

多旋翼无人机机体清洁操作(以 T20 植保无人机为例)，如表 7-9 所示。

表 7-9　多旋翼无人机机体清洁操作(以 T20 植保无人机为例)

操作步骤	操作说明	示意图
1	准备无人机相应维护工具	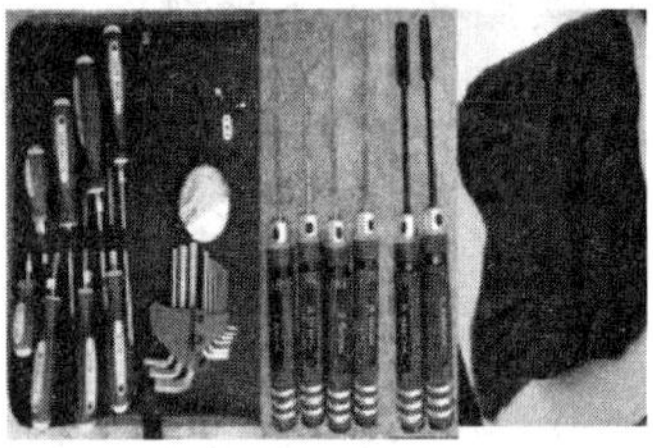
2	观察外观，机体是否有灰尘、水渍、油渍或者沾上脏东西，可以使用超细纤维的毛巾或者不掉屑的湿纸巾擦拭，必要时，使用不导电清洁剂去除污垢、草渍、油渍等各种顽固污渍	
3	可以使用柔软的小清洁刷、牙刷等，可以清除机体角落与缝隙中的尘垢	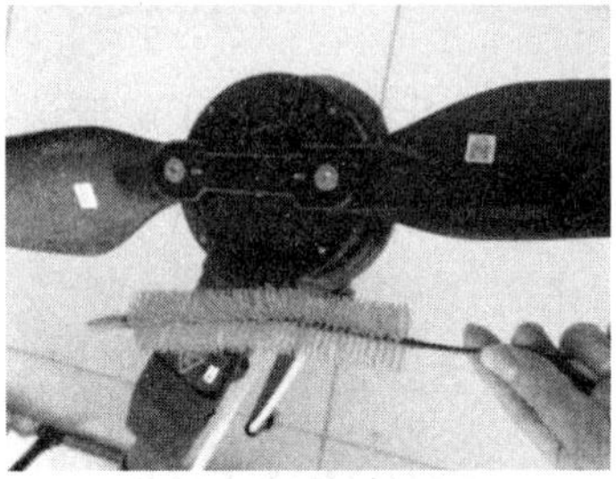
4	散热网面需要使用气泵或者罐装压缩空气清除	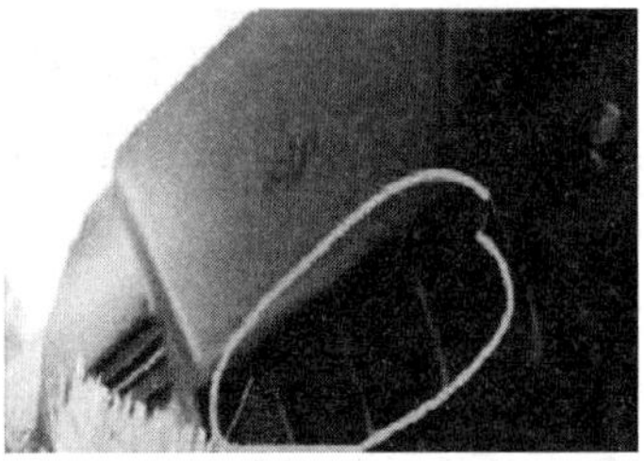

二、机体清洁注意事项

机体清洁注意事项，如表 7-10 所示。

表 7-10　机体清洁注意事项

操作步骤	操作说明	示意图
1	清洁时无人机一定要处于断电状态	
2	配合清洁剂清洁无人机时应选用不导电的清洁剂，如 CRC02064 清洁剂	
3	使用纸巾、纤维布等清洁时注意避开脆弱的电路板，不要损伤电缆的连接	
4	用清洁剂清洁时，应将清洁剂小面积喷洒在干净的专用擦拭布上，再进行操作	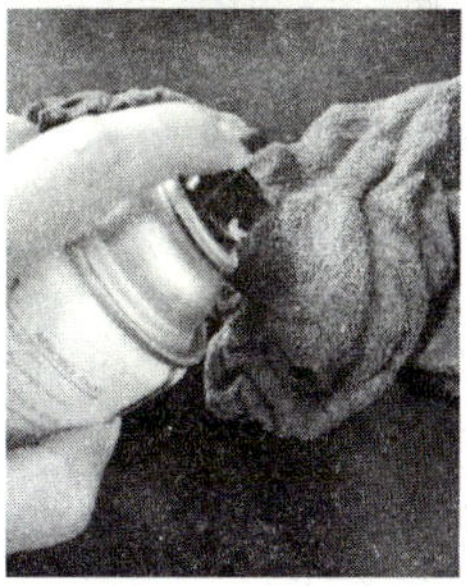
5	清洁桨叶时应注意力度，避免力度过大导致桨叶受损	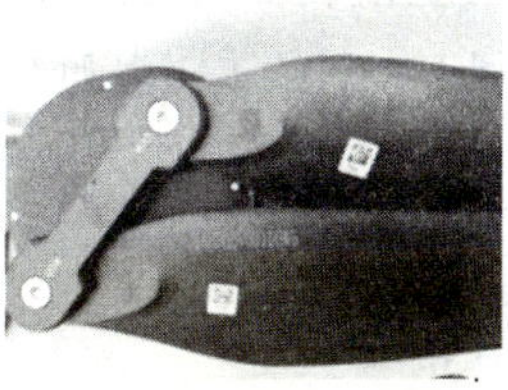

【任务考核】

任务准备

分组：每 5 人为 1 组。

器材准备：拆装用无人机、航拍无人机、大疆 T20 植保无人机、工具等。

1. 笔试考核(10 min)

每组代表在规定时间内完成以下问答题。

拆装用无人机、航拍无人机、植保无人机清洁内容分别是哪些？无人机常用清洁工具有哪些？

2. 实操考核(75 min)

每组编制航拍无人机和植保无人机的清洁部位及清洁方法，各部位的清洁工具，并进行相应记录。

考核要求：按规程进行操作，文明操作；选择正确清洁工具；各部位的清洁工具及方法、注意事项；操作记录准确无误；并把遇到的问题和解决方法记录好。

3. 课后作业

以小组为单位，分析总结多旋翼无人机机体清洁操作步骤和注意事项。

课后复习思考题

一、单选题

1. 当人们的基本生活已有保障，并且不再为安全问题而担忧时，下列哪一种人类自身的需要就会成为他们急需得到满足的？(　　)

A. 社会性的需要　　B. 生理的需要

C. 自我实现的需要

2. 以下哪项学生的需要，是教员最难解决的？(　　)

A. 归属及爱的需要　　B. 生理需要

C. 自我实现的需要

3. 根据机翼的设计特点其产生的升力来自(　　)。

A. 机翼上下表面的正压强　　B. 机翼下表面的负压强和上表面的正压强

C. 机翼下表面的正压强和上表面的负压强　　D. 机翼上下表面的负压强

4. 影响升力的因素是(　　)。

A. 飞行器的尺寸或面积　　B. 飞行速度

C. 空气密度　　D. 以上都是

5. 无人机飞行前进行的无人机机身安全检查内容包括(　　)。

A. 螺丝钉紧固件有无松动、损坏、缺失　　B. 螺丝钉紧固件是否为次品

C. 螺丝钉紧固件材质是否合格　　D. 螺丝钉紧固件有无缺失

二、简答题

1. 多旋翼无人机的维修分为哪几个方面?

2. 分析多旋翼无人机清洁操作流程、清洁注意事项。

参考文献

[1] 孙毅. 无人机驾驶(初级)[M]. 北京:高等教育出版社,2020.

[2] 李发致,钟仲钢,昂海松,等. 无人机技术原理[M]. 北京:高等教育出版社,2020.

[3] 孙毅. 无人机驾驶员航空知识手册[M]. 北京:中国民航出版社,2014.

[4] 宋建堂. 无人机法律法规与安全飞行[M]. 北京:机械工业出版社,2019.

[5] 钟伟雄,韦凤. 无人机概论[M]. 北京:清华大学出版社,2019.

[6] 于坤林. 无人机概论[M]. 北京:机械工业出版社,2019.

[7] 亚力克斯·埃利奥特. 无人机玩家 DIY 指南[M]. 徐大军,李俊译. 北京:人民邮电出版社,2016.

[8] 崔胜民. 轻松玩转多旋翼无人机[M]. 北京:化学工业出版社,2017.

[9] 贾恒旦,郭彪. 无人机技术概论[M]. 北京:机械工业出版社,2018.

[10] 伊恩·辛纳蒙. 科学鬼才:玩转无人机 40 讲(图例版)[M]. 糜修尘,译. 北京:人民邮电出版社,2019.

[11] 何雄奎. 植保无人机与施药技术[M]. 西安:西北工业大学出版社,2019.

[12] 强胜. 杂草学[M]. 北京:中国农业出版社,2001.

[13] 屠豫钦,李秉礼,农药应用工艺学导论[M]. 北京:化学工业出版社,2006.

[14] 陈英旭. 农业环境保护[M]. 北京:化学工业出版社,2007.

[15] 徐映明,朱文达. 农药问答精编[M]. 北京:化学工业出版社,2008.

[16] P. J. Gullan/P. S. Cranston. 昆虫学概论[M]. 3 版. 彩万志,译. 北京:中国农业大学出版社,2009.

[17] 关成宏. 绿色农业植保技术[M]. 北京:中国农业出版社,2010.

[18] 何雄奎. 药械与施药技术[M]. 北京:中国农业大学出版社,2012.

[19] 何雄奎. 高效施药技术与机具[M]. 北京:中国农业大学出版社,2012.

[20] 农业部种植业管理司,全国农业技术推广服务中心. 农作物病虫害专业化统防统治手册[M]. 北京:中国农业出版社,2011.

[21] 邵振润,梁帝允. 农药安全科学使用指南[M]. 北京:中国农业科学技术出版社,2015.

[22] 何雄奎,程忠义. 农业植保无人机与应用技术[Z]. 深圳:慧飞无人机应用技术培训中心,2016.

[23] 汪建沃,刘杰. 水稻全程植保无人机飞防作业 200 问[M]. 长沙:中南大学出版社,2017.

[24] 何勇. 农用无人机技术[M]. 北京:科学出版社,2017.